は　し　が　き

　外国人技能実習制度は、開発途上国の青壮年労働者を日本に受け入れ、日本の産業・職業上の技能・技術・知識の移転を通じ、それぞれの国の経済発展を担う人材育成に寄与することを目的としています。農業分野においても、国際協力・国際貢献に役立ちながら、農業・農村の高齢化、労働力不足などに対応し、わが国農業の発展に資する仕組みとして活用されています。

　こうした中、一般社団法人 全国農業会議所が実施する「農業技能実習評価試験」の受験者数は制度創設以来増加傾向にあり、平成27年4月から「耕種農業」の職種に「果樹」作業が追加されました。これを受け、一般社団法人 全国農業会議所では果樹の学習用テキストを発行しています。

　今回の改訂では、初級試験・専門級試験だけでなく上級試験にも対応できるよう大幅に加筆・修正したほか、写真をモノクロからカラーへ変更するなど、視覚的にも理解を深められる内容に大きく刷新しました。また、病害虫の発生と防除に関して、内容を充実しました。

　このテキスト一冊で、初級から上級までの学科試験・実技試験の内容を系統的に学ぶことができます。専門級・上級の受験者は、「上級」の内容・項目を併せて学習してください。初級の受験者は、この部分を飛ばして結構です。

　本テキストは、技能実習生にぜひ知ってほしい知識をわかりやすく整理してあります。可能な限り簡易な表現を心がけ、写真やイラストを多く使い、目で見て理解ができるよう工夫してあります。本テキストが技能実習生の学習の一助になり活用されることを期待します。

　最後に、本テキストの新訂にあたって、宇都宮大学の八巻良和元教授、元愛媛県農林水産研究所果樹研究センターの矢野隆氏、ＪＡ静岡経済連の市川健氏、農業・食品産業技術総合研究機構の薬師寺博氏に協力をいただきましたことを深く感謝申し上げます。

一般社団法人 全国農業会議所

目 次

1 日本農業一般

❶ 日本の地理・気候

日本は、ユーラシア大陸の東にある島国です。

日本列島は、南北に長いです。

北海道、本州、四国、九州の4つの大きな島とたくさんの小さな島があります。

日本は山が多く、農地が少ないです。

農地の約半分は水田で、残り半分は畑や樹園地です。

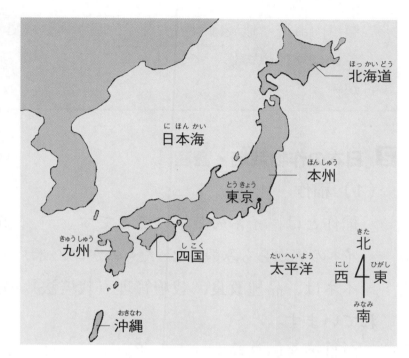

＊本テキストでは、「稲」は「イネ」と書きます。

上級

日本の総面積は約37.8万km²です。

北の北海道から南の沖縄県まで、約2,500kmあります。

日本の土地の約73％は山地です。

農地は約435万 ha で、総面積の約12％です。

日本の食料自給率（カロリーベース）は38％です（2021年度）。

日本は、ほとんどが温帯気候です。

春・夏・秋・冬の4つの季節「四季」があります。

夏の季節風は南東の風で、冬の季節風は北西の風です。

北海道を除き、6月から7月にかけて、長雨が降る「梅雨」の季節があります。

7月から10月にかけて、台風が日本を通ります。

北海道は亜寒帯気候で、冬の寒さが厳しいです。梅雨はありません。

沖縄は亜熱帯気候で、1年中気温が高いです。

瀬戸内海沿岸地域は雨が少なく、暖かい気候です。

冬には季節風の影響で、日本海側では雪が降りやすく、太平洋側は乾いた晴れの日が続きます。

2 日本の作物栽培・畜産

(1) 稲作

稲作とは、イネの栽培のことです。

イネの実からもみ殻をとったものがコメ(米)です。コメは日本人の主食です。

イネは、品種改良、栽培管理（栽培法）の進歩によって、日本全国で栽培されています。

収量の多い品種よりも、味のよい品種の作付けが広がっています。

日本人のコメの消費量は減り続けています。

家畜のエサにする飼料用米、米粉などにする加工用米の栽培も行われています。

日本の稲作は、苗を育て田植えをするのが一般的です。

耕うん、田植え、収穫（稲刈り）、脱穀・調整などの稲作作業は、機械化されています。

コメの産出額は約1兆6千億円で、農業産出額の約18％です。

代表的なコメの品種はコシヒカリで、作付面積は全国の3分の1以上を占め、1979年以降連続第1位です。

コメの一人当たり年間消費量は、118kg（1962年度）をピークに、50.8kg（2020年度）に減っています。

種もみを田に直接播種する直播栽培は、ごくわずかです。

機械化一貫体系が確立され、年間労働時間は10a当たり約25時間です。

（2）野菜

野菜は、露地栽培のほか、ハウスなどを利用した施設栽培が盛んです。

根や地下茎などを利用する根菜類、葉を利用する葉菜類、果実を利用する果菜類があります。

日本で産出額の多い野菜は、トマト、イチゴ、キュウリです。

品種改良や栽培技術の改良で、品質のよい野菜が生産されています。

また、施設栽培や被覆資材の普及で、同じ種類の野菜が１年を通して生産されています。これを周年栽培といいます。

野菜は、ミネラル、食物繊維、カロテン、ビタミン類などの栄養が豊富です。

ガンなどの病気を予防する野菜の機能性が注目されています。

上級

野菜の産出額は約２兆２千億円で、農業産出額の約25％です。

日本では、北と南の気候の違い、高地と平地の標高の違いを利用し、同じ種類の野菜を産地を変えながら、年間を通して供給しています。

日本原産の野菜は、ウド、ミツバ、ミョウガなど10数種類です。

トマト、キャベツ、ハクサイ、タマネギなどの野菜は、明治時代以降に外国から導入されたものです。

（3）果樹

日本の果樹には、冬にも葉が付いている常緑果樹と冬に葉が落ちる落葉果樹があります。

常緑果樹は、ウンシュウミカンなどのカンキツ類、ビワなどです。

落葉果樹は、リンゴ、ブドウ、ナシ、モモ、カキなどです。

日本で産出額が多い果樹は、ウンシュウミカン、リンゴ、ブドウ、ナシ、モモ、カキです。

リンゴは涼しい地域、ウンシュウミカンは暖かい地域で栽培されています。

果樹の産出額は約8,700億円で、農業産出額の約10%です。

果樹の果実は、ビタミン類、ポリフェノール類、食物繊維、ミネラルが多く含まれており、健康維持や病気予防などの機能性が注目されています。

果樹では高品質の品種が育成されるとともに、施設栽培やわい化栽培など新しい技術が導入されています。

（4）畜産

日本の家畜は、おもに牛、豚、鶏の３つです。

牛には、肉にする肉用牛と乳をしぼる乳用牛があります。

鶏には、採卵鶏（卵用）とブロイラー（肉用）があります。

１戸あたりの飼養規模は、牛、豚、鶏いずれも大幅に増加し、規模拡大が進んでいます。

トウモロコシなどの飼料は、外国からの輸入に頼っています。

畜産の産出額は約３兆２千億円で、農業産出額の約36％です。

牛や豚の経営のタイプは、次の３つです。

・繁殖経営：子牛・子豚を産ませる

・肥育経営：子牛・子豚を大きく育てる

・一貫経営：繁殖から肥育まですべて行う

日本の飼料自給率は25％です（2021年度）。

トウモロコシなど濃厚飼料の自給率は13％、粗飼料の自給率は76％です。

3 知的財産権について

新しい品種や栽培方法などの技術や農産物の商標など、農業においても知的財産権が生じます。登録されている新品種などでは、育成者の許可なく増やすことは出来ません。また、許可なく、海外に持ち出すこともできません。

2 耕種農業一般

❶ 各器官の成長

（1）作物のからだ

葉、茎、根は、成長のための器官です。栄養器官といいます。

花、果実は、子孫を残すための器官です。生殖器官といいます。

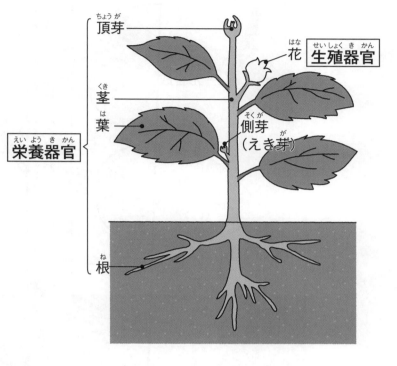

（2）栄養成長と生殖成長

成長には、栄養成長と生殖成長があります。

栄養成長は、葉や茎、根など栄養器官が大きくなる成長です。

生殖成長は、果実や種子をつくる成長です。

栄養成長から生殖成長へ移る条件や移り方は、作物の種類によって違います。

（3）光合成

作物は、光合成を行っています。

光合成には、光・二酸化炭素（CO_2）・水（H_2O）が必要です。

作物は、光合成によって糖やでんぷんなどの炭水化物を合成します。

光飽和点に達するまでは光が強いほど光合成はさかんです。

（4）呼吸

作物は、呼吸をしています。

呼吸がさかんになるのは、作物の成長が活発な時や、温度が高い時です。

夜温（夜の温度）が高いと呼吸が活発になり、昼間つくった炭水化物がたくさん消費され、作物に蓄えられる量が少なくなります。

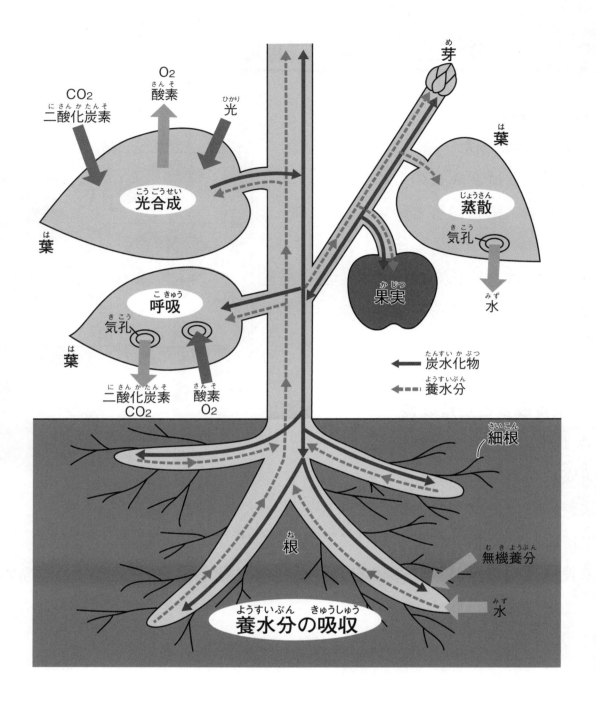

（5）蒸散
　作物は、葉の気孔から水を放出させています。蒸散といいます。

（6）養水分の吸収
　作物は、根の根毛から土の中の養水分（養分や水分）を吸収しています。

（7）花芽分化 上級

　栄養成長が進むと生殖成長が始まり、花芽が作られます。これを花芽分化といいます。

　多くの落葉果樹は6～8月に花芽分化します。カンキツ類は1～2月、ブドウは5月下旬～7月にします。

❷ 栽培方法

　果樹の栽培には、「露地栽培」と、ビニルハウスなどを利用する「施設栽培」とがあります。

❸ 栽培管理

　果樹の栽培管理の仕事には、苗木の育成・植え付け、土壌管理、水分管理、結実管理、結果調節、収穫、整枝・せん定、病害虫防除、施肥などがあります。

❹ 作物を育てる土

（1）土性区分

　日本では、粘土の割合によって土性を5つに区分しています。

　肥力（保肥力ともいう）、水はけなどは、土性によって大きく違います。

土性	粘土の割合	肥力	水はけ
埴土	50.0%以上	良い	悪い
埴壌土	37.5～50.0%	良い	少し悪い
壌土	25.0～37.5%	良い	良い
砂壌土	12.5～25.0%	少し悪い	良い
砂土	12.5%以下	悪い	良い

　多くの作物の栽培に適しているのは、砂と粘土をほどよく含む壌土や埴壌土です。

実技・初級

　○土壌サンプルを見て土性を見分けられるようになりましょう。

7

○簡易な土性の判定法を理解しましょう。

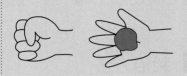

土をにぎっても固まらない	土をにぎると少し固まるがひびが入る	土をにぎると固まる
砂土 ～ 砂壌土	壌土 ～ 埴壌土	埴土

○土性ごとの特性（肥力、水はけ）を理解しましょう。

（2）土壌の種類 上級

日本の農地は、地形に応じて特色ある土が分布しています。

おもな土壌群

① 黒ボク土

台地・丘陵に広く分布しています。火山灰が中心で、腐植を多く含んでいます。黒い土層です。日本の畑は、半分が黒ボク土です。

② 褐色低地土

沖積低地の自然堤防などに分布しています。全層あるいはほぼ全層が、黄褐色の土層です。畑に利用されています。

③ 灰色低地土

排水性のよい扇状地や平野部に分布しています。灰色の土層です。水田に利用されています。

④ グライ土

沖積地のくぼ地に分布しています。青灰色の土層です。水田に利用されています。

（3）土の団粒構造

団粒とは、土の粒子のかたまりのことです。

団粒が多い土（団粒構造の土）は、やわらかく、作物の栽培に適しています。

一方、単粒構造の土は、粒子がつまり、堅い土です。団粒構造を増やすには、堆肥や有機物を投入します。

団粒の多い土の特色

・土壌にすき間があります。

・肥料養分を吸着し、保肥力があります。

・通気性・保水性がよく、作物がよく育ちます。

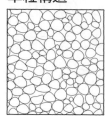
単粒構造

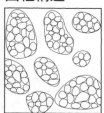
団粒構造

単粒構造の土の特色

・通気性、透水性が悪く、作物が育ちにくいです。

実技・初級

○団粒構造と単粒構造を理解しましょう。

（4）土の三相構造 上級

土は、固相（土の粒子、有機物）、液相（水分）、気相（空気）で成り立っています。この3つを土の三相といいます。

固相、液相、気相のバランスを三相構造といい、作物の生育に影響します。

良い土は、固相、液相、気相ともに30～40％です。

5 土づくり

（1）地力

地力は、総合的な土の生産力です。

地力のある土は作物がよく育ち、作物の生産が持続します。

地力を高める土づくりは、農業の基本です。

（2）土づくり

① 耕うん（耕起）・・・物理性の改善

耕うんは、土を掘り返すことです。

土に空気を入れ、土をやわらかな状態にします。

耕うんによって、通気性や保水性がよくなります。

土を深く耕うんするのが、深耕です。

② 酸性の改良・・・化学性の改善

日本の土は、酸性の強い土が多いです。

作物に適した酸度に改良することが必要です。

酸性の土を改良するには、適量の石灰や苦土石灰をまきます。

③ 有機物の施用・・・微生物相の改善

土壌微生物が多く、活動がさかんになるよう、堆肥や有機物などの土壌改良材を入れます。

（3）「耕うん」に使う農機具

① 農具

ひらくわ　　　　　まんのう（備中ぐわ）　　　スコップ（シャベル）

② 農業機械

乗用トラクタ＋ロータリ　　　プラウ　　　　　ロータリ　　　歩行用トラクタ（管理機）

※トラクタは、ロータリ、プラウを装着して耕うんに使います。

※トラクタは耕うんのほか、作業機を装着して、収穫、防除、は種、運搬などに使える汎用機械です。乗用トラクタはふつう「トラクタ」とよばれ、歩行用トラクタは、「耕うん機」「管理機」とよばれます。

（4）適正なpH 上級

土の酸度を表すのが、pH（ピーエイチ、水素イオン濃度指数）です。

pH7が中性、7を超えるのがアルカリ性、7未満が酸性です。

pHが7未満の土を酸性土、7を超える土をアルカリ土といいます。

日本の作物の多くは、弱酸性のpH5.5〜6.5が生育に適しています。

作物の種類と生育に適したpH

pH	作物
6.5〜7.0	ビート、ホウレンソウ、ガーベラ、ブドウ
6.0〜6.5	トウモロコシ、ネギ、ブロッコリー、レタス、パンジー、バラ、モモ
5.5〜6.5	イネ、キャベツ、イチゴ、ダイコン、マリーゴールド、リンゴ、ミカン
5.5〜6.0	ソバ、ジャガイモ、プリムラ、ブルーベリー
5.0〜5.5	チャ、洋ラン、ツツジ

（5）土の酸度・ｐＨを測る器具 上級

土壌酸度計は、土壌酸度を測定する器具です。

このほか、ｐＨ測定器には、比色表で
ｐＨを測定するタイプ（比色式ｐＨ検定器）、
土にさして測定するタイプ、数値の表示が
目盛り式、デジタル式などがあります。

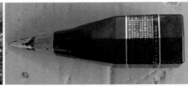

酸度計

実技・上級

○土の酸度の測定を理解しましょう。

土壌酸度計の使い方

土壌に直接さし込んで、だいたいの酸度を測定する手軽な測定器です。

① 測定する土壌に水を撒いて十分に湿らせます。（手で握って固まる程度）

② 金属部の電極がすべて埋まるように土壌に挿し込みます。（土が金属面に密着するようにします）

③ １分ほどして、目盛りが安定したら読み取ります。

6 肥料

（1）肥料の三要素

作物の生育には、肥料が必要です。作物の収穫によって圃場から持ち出されるため、土の養分だけでは足りないからです。

窒素、リン、カリウムを**肥料の三要素**といいます。

作物の生育に必ず必要な元素を必須元素といいます。必須元素は17あります。

肥料の三要素の元素記号は、窒素：N、リン：P、カリウム：Kです。

上級

微量元素は、カルシウム（Ca）、マグネシウム（Mg）、イオウ（S）、マンガン（Mn）、ホウ素（B）、鉄（Fe）、銅（Cu）、亜鉛（Zn）、塩素（Cl）、モリブデン（Mo）、ニッケル（Ni）です。炭素（C）、水素（H）、酸素（O）は空気や水から得られ、光合成により固定されます。酸素（O）、水素（H）は根からの水の吸収、炭素（C）は空気の二酸化炭素を葉から吸収しています。

（2）肥料の三要素の特性 上級

　　窒　素（N）　：作物の生育と収量にかかわります。
　　　　　　　　　　主に茎葉を伸長させ、葉の色を濃くします。
　　　　　　　　　　窒素が多すぎると軟弱に育ちます。
　　リ　ン（P）　：主に開花、結実に影響します。
　　カリウム（K）：主に開花、結実および根の発育に影響します。

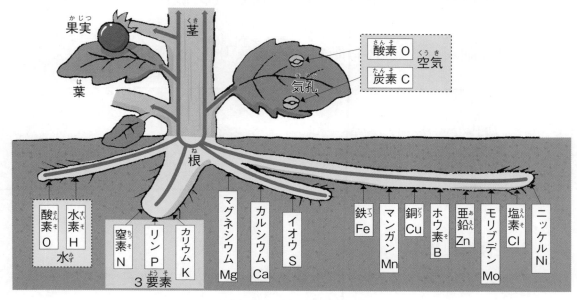

作物に必要な無機養分

（3）肥料の種類

①　化学肥料（無機質肥料）

　　化学的に合成された肥料です。無機質肥料ともいいます。
　　化学肥料は、肥料の効果が早くあらわれます。
　　肥料の三要素のうち1つしか含まないものが、単肥です。
　　三要素のうち2種類以上を含むものが、複合肥料です。複合肥料には、化成肥料と配合肥料があります。
　　配合肥料は主に化学肥料の単肥の混合から作られます。N、P、Kの2つ以上の成分を含有し、その合計含量は20％以上を保証しています。多くは有機質肥料が混入されています。

主な肥料の分類

○単肥

窒素肥料	硫安（硫酸アンモニウム）、尿素など
リン酸肥料	過石（過リン酸石灰）、熔リン（熔性リン肥）など
加里肥料	硫酸加里、塩化加里など

○複合肥料

化成肥料	燐硝安加里、燐加安、硫加燐安、塩化燐安、ＮＫ化成、ＰＫ化成
配合肥料	ＢＢ肥料、有機入り配合肥料

▌上級

化成肥料のうち、Ｎ・Ｐ・Ｋのうち2種類以上含み、その合計量が30％以上のものが高度化成肥料です。30％未満のものは、普通化成肥料です。

---

② 有機質肥料

動物や植物由来の有機物質からつくられる肥料です。

魚かす、菜種かす、骨粉などです。

有機質肥料は、肥料の効果がゆっくりとあらわれます。

③ 堆肥

堆肥は、動物（家畜）のふんや植物体、食品残さなどを発酵させた肥料です。牛ふん堆肥、豚ぷん堆肥、鶏ふん堆肥、バーク堆肥、落葉堆肥、稲わら堆肥などがあります。

堆肥には、肥料効果だけでなく、土壌改良の働きもあります。

④ 液肥

液状の肥料です。原形が粉末や粒状などの固体でも、与えるときに溶かして液体にしたものは液肥に含めます。

⑤ 速効性肥料と緩効性肥料、遅効性肥料 上級

i 速効性肥料

肥料により成分の溶け出す時期を調節できます。肥料の施し方、雨の量（土壌水分）、温度などにより溶け出し方に差があります。

効果があるのは30日程度までです。

液肥や化成肥料などがあります。

ii 緩効性肥料

効果があるのは30日から120日程度までで、種類により溶け出す期間が異なります。

肥料を皮膜で覆ったもの、溶け出す量を調整した肥効調節型肥料などがあります。

iii 遅効性肥料

微生物に分解されるため効果があらわれるまでに長い期間かかります。

菜種かす、骨粉などがあります。化学肥料の中でも1年間効くものもあります。

（4）肥料の形状など 上級

肥料の形は、使いやすさ、効果などから、さまざまな形に加工されています。粉状、粒状、液状のもの、あるいは円筒形の固形（ペレット）に加工したペレット状肥料などがあります。

最近は、化学肥料に有機質肥料を混ぜた肥料もあります。

粒状肥料

粉状肥料

ペレット状肥料

液状肥料

実技・初級

○主な肥料の種類を理解しましょう。

○化学肥料、有機質肥料、堆肥を理解しましょう。

○肥料の形状と区分を理解しましょう。

粒状肥料、粉状肥料、ペレット状肥料、液状肥料

7 土壌改良材 上級

土壌改良材は、土の物理的性質、化学的性質や、微生物相を改良するものです。

土壌改良材の種類には、ピートモス、パーライト、バーミキュライト、木炭、ゼオライト、腐植質資材、石灰などがあります。

○土壌改良材の種類を理解しましょう。

8 施 肥 (61ページ参照)

（1）肥料の使い方

肥料を土に入れることを、施肥といいます。

施肥には、元肥と追肥があります。

元肥は、作物を植えつける前に与える肥料です。果樹では、生育を開始する前の休眠している間に与えます。

追肥は、作物の生育、収穫などに合わせ追加して与える肥料です。

肥料は、種や根に直接ふれないように与えます。作物が枯れることがあるからです。

16

上級

元肥は、効果がゆるやかに長く続く**緩効性肥料**を中心に与えます。

追肥は、効果がすぐに出る**速効性肥料**（化成肥料、液肥など）を使います。

液肥は、葉面散布にも使えます。

肥料を与えすぎると土の塩類濃度が高くなり、作物の生育に障害を起こします。これを塩類障害といいます。

塩類濃度を調べるには、電気伝導度（ＥＣ）を測ります。ＥＣの値が高い土は、肥料が多く残っています。

肥料は、作物ごとの施肥基準に合わせて与えます。

（２）施肥に使う農機具

散布機

ブロードキャスタ　　　　マニュアスプレッダ　　　　ライムソーワ

実技・上級

○肥料袋を見て肥料成分などを理解しましょう。

・「10－8－8」とある化成肥料の見方

肥料成分は窒素：10％、リン：8％、カリウム：8％です。

成分の合計が30％未満なので、普通化成です。

・「10－8－8」とある肥料（1袋20kg）の成分の重量は下の式で求められます。

窒素　$20 \times \dfrac{10}{100} = 2$　　　2kgの窒素が含まれています。

○施肥基準に基づき、必要な施肥量を計算できるようになりましょう。

（問）施肥基準を満たす、施肥量の計算方法

A野菜の施肥基準（10a当たり施肥量）

窒　　素（N）　21kg

リ　　ン（P）　23kg

カリウム（K）　18kg

使用する肥料（成分含有率）

硫　　安　　　　（N：21％）

過リン酸石灰　　（P：46％）

塩化カリ　　　　（K：60％）

（答）

計算式

硫　　　　安：$\dfrac{21}{21} \times 100 = 100$（kg）

過リン酸石灰：$\dfrac{23}{46} \times 100 = 50$（kg）

塩化カリ：$\dfrac{18}{60} \times 100 = 30$（kg）

$$施肥量 = \frac{施肥基準の施肥量}{成分含有率} \times 100$$

9 病害虫・雑草防除の知識

（1）病害虫防除

① 基本的な考え方

病害虫が発生しにくい環境をつくります。

植物の病気の約7割が、カビなどの菌類によって引きおこされるといわれています。

細菌やウイルスが原因の場合もあります。

病気が発生しやすい温度や湿度を避け、風通しなどの環境要因にも気をつけましょう。

また、病気を媒介する害虫の防除に努めましょう。

雨よけ、マルチ、防風等により、病害虫の発生を抑えることができます。

病気が発生した場合は、早期に発見し、広がらないうちに早めに防除します。

② 化学農薬防除

病気の予防・防除に使う化学農薬は、殺菌剤です。

害虫の予防・防除に使う化学農薬は、殺虫剤です。

③ 化学農薬以外の防除 上級

i 耕種的方法

病気に強い品種（耐病性品種）を使います。

病害虫の発生をおさえる植物を栽培します。たとえば、土壌センチュウはマリーゴールドを栽培すると、密度が低下します。

ii 天敵利用

害虫を捕食したり、寄生して死亡させたりする昆虫や微生物を利用します。

iii 性フェロモン利用

フェロモントラップを利用して捕殺したり、フェロモンディスペンサーを用いて交尾を阻害します。

iv 視覚利用

アブラムシに対して反射テープを張ります。

黄色灯を点灯して害虫を防ぎます。

青色灯を点灯して害虫を誘殺します。

粘着テープを使って害虫を誘殺します。

v 物理的防除

防虫ネットを利用して害虫の進入を防ぎます。

vi コンパニオンプランツ

近くに植えておくことで病害虫の発生を防いだり、成長を助ける植物です。

例：ナス…ソルゴー

ユウガオ…ネギ類

実技・上級

○主な病害と発生原因を理解しましょう。
○主な害虫を理解しましょう。

（2）雑草防除

① 基本的な考え方

畑に雑草の種子を持ち込まないようにします。

雑草が種子を落とす前に、早めに除草します。

② 除草剤

雑草防除に使う化学農薬は、除草剤です。

i 選択性除草剤と非選択性除草剤

・選択性除草剤

栽培中の作物には影響がなく、雑草だけを防除します。

・非選択性除草剤

散布した場所にあるすべての植物に影響があります。

ii 茎葉処理剤と土壌処理剤

・茎葉処理剤は、成分が茎や葉から吸収されて作用します。

・土壌処理剤は、土壌に散布された成分が土の中に残り、雑草の発生成長を防ぐ効果があります。雑草が大きくなっていると効果が下がります。

③ 除草剤以外の防除

i 光を通さない資材でマルチングをします。

ii 栽培中に中耕（うねのあいだの土を耕す）、培土（株元に土を寄せる）をします。

耕す

中耕

土を寄せる

培土

iii 作物がない畑では耕うんをします。

実技・
上級

○主な畑の雑草を理解しましょう。

スズメノテッポウ、スベリヒユ、アカザ、イヌビエ、スズメノカタビラ、スギナ、メヒシバなど

（3）農薬使用の注意点

・病害虫や雑草の発生状況によって、効果が登録されている薬剤を使いましょう。登録のない薬剤は使用できません。

・農薬には、使用できる作物、使用回数、使用濃度などを決めた使用基準があります。これを守って使いましょう。

・近くの他の作物に飛散（ドリフト）しないように、専用ノズルやカバーを使い注意して使用しましょう。

・散布機器は、病害虫防除剤用と除草剤用で別のものを使うようにしましょう。前に使用した薬剤が十分に洗い落とせていないことで薬害が起きる可能性があります。

（4）病害虫防除・雑草防除の農機具

① 病害虫防除

噴霧器

動力噴霧器

乗用噴霧機（ＳＳ）

② 雑草防除

草刈り機

乗用モア

ＩＰＭ（総合的病害虫・雑草管理）とは、経済的で環境や人体にもやさしく、病害虫や雑草の増加を抑える方法を組み合わせて総合的に管理を行うことをいいます。

実技・上級

○農薬の希釈方法を理解しましょう。

（問） 1,000倍液の農薬を20ℓ作る場合の農薬の量は何mℓ必要ですか。

（答）　　　　20ℓ ＝20,000mℓ

20,000mℓ÷1,000倍＝20mℓ（※）

（薬液量÷希釈倍数＝農薬量）

※粉剤、顆粒剤の農薬量は20g

🔟 鳥獣害対策

野鳥や野獣により、生産物や生産資材などに被害を受けることを鳥獣害と言います。

電気柵、ワイヤーメッシュ、防鳥網（ネット）を用い野鳥や獣の侵入を防ぐ方法、野鳥や野獣の頭羽数を減らすためにわなを用いて捕獲する方法、作物や畜舎から追い払う方法、忌避剤や避妊剤などの薬剤を使用する方法などがあります。またこれらを組み合わせて、地域として取り組むこともあります。

鳥獣害対策では動物愛護や野生動物保護などの考え方と併せて検討する必要があります。

3 安全衛生

1 健康管理

（1）生活管理

疲労している状態で農機具を使用したり、農薬を散布することはやめましょう。

睡眠時間や食事など規則正しい生活を心がけ、常に元気な状態で農作業を行うことが大切です。

（2）作業姿勢

重い荷物を持ち上げたり移動するとき、できるだけ身体への負担が少ないように腰を下ろして持ち上げるなど心がけましょう。

① 腰をかがめての作業など同じ姿勢が続くときは、時々立ち上がって背伸びをします。

② 細かい作業で目を酷使するときは、目を休めたり遠くを見る時間を作るなど工夫をします。

（3）農機具や高所での作業

農機具や農業機械を使用するときは安定した状況で作業ができるようにしましょう。

① 高所作業で脚立を使うときは脚立が安定状況にあることを確認し、正しい姿勢で作業をします。

② 草刈り機や耕運機を使用するときは自分の足場をしっかり確保し作業をします。

2 安全な農業機械の使い方

（1）作業前の準備

機械の操作方法は、取り扱い説明書を読むなどして、事前によく理解します。

エンジンの始動の仕方、ブレーキの操作方法、エンジンの止め方をよく理解します。

（2）日常点検

日常点検は、機械の能力を持続し、機械の寿命を長持ちさせ、農作業事故を防ぐことにつながります。

機械の運転前、運転中、運転後に、異常がないか点検します。

点検は、運転中の動作点検以外では、必ずエンジンを停止して行います。

運転中の動作点検では、特に事故が起こらないように、十分注意が必要です。

（3）機械操作の注意点

① 機械共通

・機械操作を一時的に中断するときは、必ずエンジンを止めます。
・機械のつまりを除去する作業でも、必ずエンジンを止めます。

② 乗用トラクタ

・トラクタの左側から乗り降りします。
・安全フレームを立てて作業します。
・トラクタの走行中は、左右のブレーキペダルを連結します。
・作業後、トラクタに装着した作業機は、洗浄後取り外すか地面に降ろしておきます。
・作業後、燃料タンクは満タンにしておきます。
・路上を走る場合は免許が必要です。

安全フレーム

ブレーキペダルの連結

（4）無理のない作業計画

疲れると注意力がなくなり、事故が起こりやすくなります。疲れている時の機械作業は危険です。

作業の合間には、休憩をとります。

急いで作業しようとすると、注意力が足りなくなり、事故が起こりやすくなります。時間と気持ちにゆとりをもって作業しましょう。

（5）安全な服装

機械やベルトに巻きこまれないよう、作業に適した服装を着ます。
長い髪の毛は束ねるなどして機械に巻き込まれないようにします。

（6）作業後の片付け

機械の清掃・洗浄をします。
整備・修理をします。
収納場所にきちんと片付けます。
燃料タンクを満タンにしておきます。
使用記録簿に記録します。

手袋　ヘルメット
つなぎ服
安全ぐつ

実技・初級

○安全な農業機械の使い方を理解しましょう。

実技・上級

○管理機、草刈機などのエンジンのかけ方と止め方を理解しましょう。

・**管理機の始動と停止**

始動
・主クラッチレバー、耕うんクラッチレバーが「切（オフ）」、主変速レバーがニュートラルなのを確認します。
・エンジンスイッチを「入（オン）」にします。
・リコイル式エンジンでは始動グリップを強く引き、エンジンをかけます。

停止
・アクセルレバーでエンジンの回転数を下げ、主クラッチレバーを「切（オフ）」にし、機体を止めます。
・主変速レバーをニュートラルにし、エンジンスイッチをオフにします。

主クラッチレバー　切（オフ）

エンジンスイッチ　入（オン）

始動グリップを引く

・草刈り機の始動と停止

始動

・スイッチを始動の位置にします。

・ゴムの膨らみ（プライマポンプ）を何度か押して、混合ガソリンをキャブに送ります。

プライマポンプ

・チョークレバーを「閉じる」にします。（キャブレターに入る空気の量を減らす）

・ひも（リコイルスタータノブ）を勢い良く引っ張ります。

・エンジンがかかったら、チョークを「開く」にします。

チョーク・ひも

・エンジンがかからない場合は、この操作を繰り返します。

・エンジンが始動したら、暖機運転をします。

停止

・スイッチを停止の位置にします。

作業の注意

・石や切り株などに刃が当たらないよう気を付けます。

・斜面の草刈りは、足場を確保し、姿勢を安定させて行います。

・刃に草などが絡んだ際は、エンジンを止めてから取り除きます。

---

❸ 農薬散布

（1）服装

農薬散布は、皮膚や目に薬剤がかからないよう、適切な服装で行います。
帽子、長袖・長ズボンの防除衣、ゴム長靴、農業用マスク、保護メガネ、ゴ

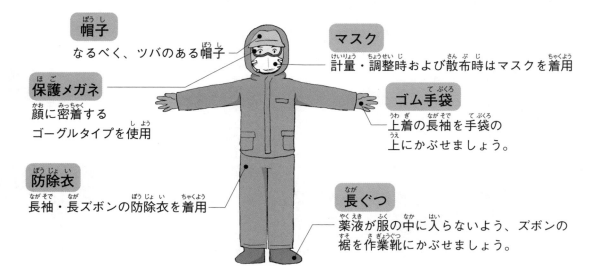

帽子
なるべく、ツバのある帽子

マスク
計量・調整時および散布時はマスクを着用

保護メガネ
顔に密着する
ゴーグルタイプを使用

ゴム手袋
上着の長袖を手袋の
上にかぶせましょう。

防除衣
長袖・長ズボンの防除衣を着用

長ぐつ
薬液が服の中に入らないよう、ズボンの
裾を作業靴にかぶせましょう。

ム手袋を着用します。軍手はぬれるので使用してはいけません。

防除衣の上着のそでは手袋の上にかぶせ、ズボンの裾は長ぐつの上にかぶせます。

（2）使用基準の厳守

　農薬は、使用した作物を食べても安全なように、使用作物、使用濃度、使用量、使用時期や回数など、使用基準が決められています。

　農薬を使う時は、農薬のラベルをよく読み、使用基準を必ず守ります。

（3）防除器具の点検

　噴霧器の緩みなどがないか、点検します。

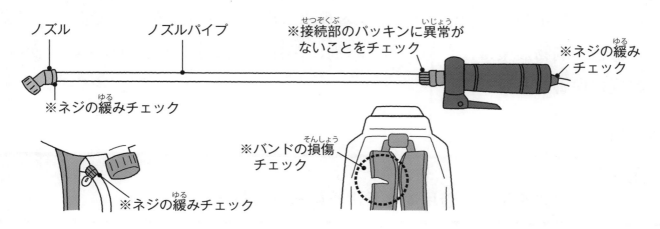

ノズル　　　　ノズルパイプ　　　　※接続部のパッキンに異常が
　　　　　　　　　　　　　　　　　　ないことをチェック
　　　　　　　　　　　　　　　　　　　　　　　※ネジの緩み
　　　　　　　　　　　　　　　　　　　　　　　　チェック
※ネジの緩みチェック
　　　　　　　　　　　　　※バンドの損傷
　　　　　　　　　　　　　　チェック
　　※ネジの緩みチェック

（4）正しい散布

　農薬を散布する時は、周辺に農薬が飛散（ドリフト）しないように注意します。

　散布作業は、風の弱い時に行い、風の強い時は中止します。

　散布作業は、朝夕の涼しい時に行います。

　散布作業は、風を背にして後ろ向きに作業します。薬剤を直接浴びないようにします。

　長時間の散布作業はしないよう適度に休憩します。

　散布作業の途中やあとで、めまいや吐き気など体に異常を感じたら、すぐに医師の診察を受けます。

風向き

調整した農薬は、余らないように使い切ります。

（5）散布後の処理

散布機を水でよく洗い、洗浄液は適切に処理します。

片付けの時も、保護具を着用します。

農薬が残り少なくなった時に、小さな瓶などに移し替えるのは、間違いや事故のもとになるのでしてはいけません。

空になった容器や袋は、業者に依頼するなど適切に処理します。

（6）農薬の保管

農薬は使用簿を記録し、鍵がかかる専用の場所（保管庫など）で保管します。

毒物・劇物農薬は、普通農薬とは別に保管庫を設け、表示のうえ鍵をかけて厳重に保管します。

実技・初級
○防除衣を正しく着用できるようになりましょう。

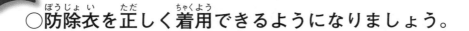

実技・上級
○噴霧器の安全点検の仕方や使用方法、散布後の処理を理解しましょう。

④ 電源、燃料油の扱い

（1）電源の扱い

農業用の電源は、交流100ボルトと、三相交流200ボルトが多く使われます。

200ボルトの電源は、乾燥機、モーター、暖房機などに使われます。

配電盤や引き込み線を、素手でさわると危険です。とくに、濡れた手で電気プラグを扱うと感電事故につながります。

ケーブル（電線）に傷がついていたり破れていると、感電や火災の危険性が

高くなるので、新しいものと交換します。

実技・
上級

○電源の差込口の2口と3口の違い、三相交流を理解しましょう。
○電圧（ボルト）の違いを理解しましょう。

200ボルトと100ボルトのコンセントの形状

三相交流200ボルト　　　　　　　　交流100ボルト

三相交流の注意点

・電圧が高いので、取扱いに注意します。

（2）燃料油の種類

　農業機械の燃料油には、ガソリン、重油、軽油、灯油、混合油などがあります。機械によって、使う燃料油の種類が違います。

ガソリン	歩行用管理機（トラクタ）、移植機など
軽油	トラクタ、コンバインなど
ガソリンとオイルの混合油	草刈り機（2サイクルエンジン）
重油・灯油	温風暖房機など

（3）燃料油を扱うときの注意

・ガソリン、軽油など燃料油の種類を確認し、農業機械に合った燃料油を使います。機械に合わない燃料油の使用は、故障の原因になります。

・給油は、必ずエンジンを止めて行います。

・給油中、周囲に火気がないことを確認します。とくにガソリンは火がつきやすいので注意します。

・給油の際、燃料油がタンクからあふれないよう注意します。

（4）燃料の保管

ガソリンや軽油を入れる容器は法律で制限されています。

ガソリン、混合油は専用の金属製容器で保管します。

ガソリン、混合油を灯油用ポリ容器で保管することは禁止されています。

軽油は、30リットル以下ならプラスチック製容器で保管できます。

保管場所は火気厳禁にし、消火器を設置します。

燃料は、長期間保管すると変質します。機械の故障につながるので、使用してはいけません。機械を長く使用しないときは、ガソリンを抜いておきます。

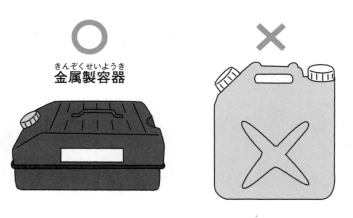

○　金属製容器　　×

（注意点）圧力を抜いてからキャップを開ける

実技・初級

○農業機械ごとの燃料を理解しましょう。

実技・
上級

○燃料油に合った燃料容器の違いを理解しましょう。
○燃料の安全な保管場所を理解しましょう。
○混合燃料の作り方を理解しましょう。

混合油の作り方

混合油をつくる専用の混合計量タンクを使うと簡単に混合油ができます。大きなタンク（ガソリン用）と小さなタンク（オイル用）それぞれにメモリが付いています。

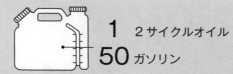

ガソリンとオイルを同じ目盛りの量だけタンクに入れます（50：1の割合になります）。

容器はつながっており、オイルをガソリンのタンクに流し入れます。

よく振ってガソリンとオイルをよく混ぜ合わせます。

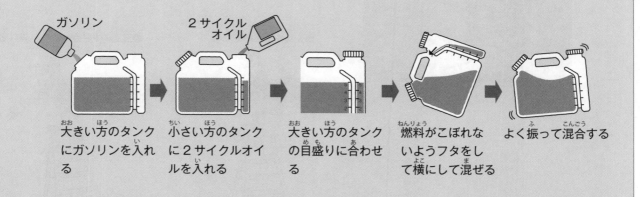

ガソリン	2サイクルオイル			
大きい方のタンクにガソリンを入れる	小さい方のタンクに2サイクルオイルを入れる	大きい方のタンクの目盛りに合わせる	燃料がこぼれないようフタをして横にして混ぜる	よく振って混合する

混合燃料は混合器では保管せず、金属の密閉できる缶に移し保管します。

5 整理・整頓

のこぎり、はさみなどの道具は正しく扱い、保管にも注意します。

使う前の点検と使った後の手入れもします。

6 脚立の安全な使い方

使う前に、ヒビや折れ・曲がりなどがないか点検をします。

脚立は、安定のよい置き方をするよう注意します。

開き止め（チェーン）は、きちんとかけます。

天板に乗ったりまたがったりせず、ステップに立って作業します。

実技・初級

○脚立の安全な使い方を理解しましょう。

いけない作業

●チェーンを掛けない

●天板に乗る

●天板をまたいで乗る

●三脚の支柱から身体を乗り出す

32

4 果樹の定義・種類

1 果樹の定義

　果実を収穫するために栽培する「樹」（本テキストでは「木」）を果樹といいます。果汁が多くて甘い果実を「果物」といいます。ウメやクリなど、そのままでは食べられない果実がなる木も果樹です。また、気象条件によっては、数年にわたって栽培でき、果実を収穫するバナナ、パパイヤなどの草も果樹に分類します。イチゴ、メロン、スイカなども果実を収穫しますが、1年で枯れてしまう「草」なので、野菜です。

2 果樹の種類

　冬に葉が落ちるのが、落葉果樹です。リンゴ、ブドウ、ナシ、モモ、カキ、クリなどがあります。

　葉が1年中あるものが、常緑果樹です。カンキツ類、ビワなどがあります。

　＊「日本ナシ」は「ナシ」と書きます。

■ 上級

果樹の分類

○気候への適応性による分類
・温帯果樹：冬の寒さに耐えるため、葉を落とす落葉性です。リンゴ、ナシ、モモ、カキ、オウトウ、ブドウなど。
・亜熱帯果樹：ほとんどが常緑性です。カンキツ類、ビワなど。
・熱帯果樹：常緑性です。バナナ、マンゴーなど。
○果実の特徴による分類
・仁果類：花床の部分が発達した果実で、その部分が食用部となります。リンゴ、ナシなど。
・核果類：子房壁(中果皮)が肥大し、内果皮がかたい核となっています。モモ、ウメ、オウトウなど。

・堅果類：子房壁がうすくてかたい殻となり、種子を食べます。クリ、クルミなど。
・漿果（液果）類：子房壁(中果皮)が肥大し、みずみずしいです。ブドウ、ブルーベリーなど。
・その他：カキ（中果皮が肥大する）など。
○果実になる部分の分類
・真果：主に子房のみが肥大して果実になるもの。
・偽果：主に子房以外の花床（花托）などが発達して果実になるもの。
○樹の特徴による分類
・高木性果樹：リンゴ、ナシ、モモ、カキなど。
・低木性果樹：ブルーベリーなど。
・つる性果樹：ブドウ、キウイフルーツなど。

○花のつくりを理解しましょう。

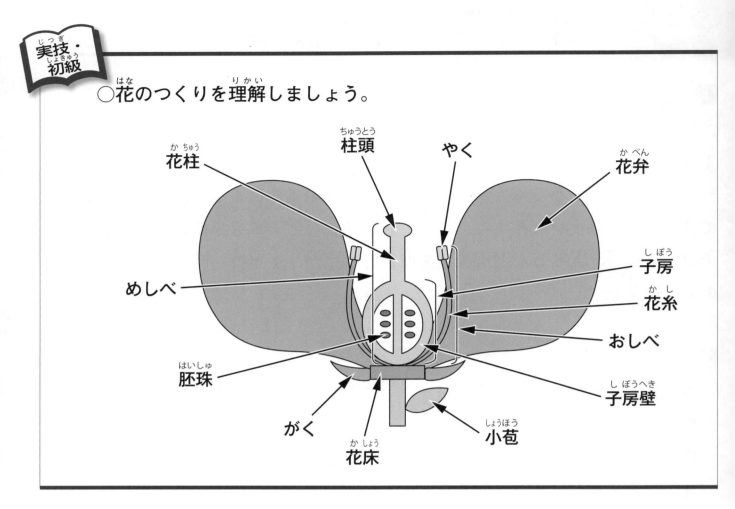

果実の生産

1 世界の果実生産

世界で多く生産されている果実は、バナナ、ブドウ、リンゴ、オレンジなどです。

多く生産している国は、中国、インド、ブラジル、アメリカなどです。

2 日本の果実生産

日本では、たくさんの果実が生産されています。

生産量が多いのは、ウンシュウミカンとリンゴです。

ナシ、カキ、ブドウ、モモも多く生産されています。

生産額が多いのは、ブドウ、ウンシュウミカン、リンゴです。

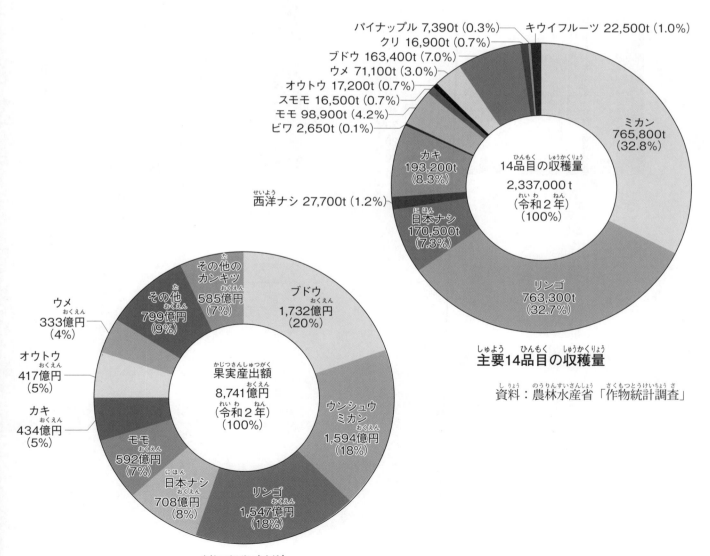

パイナップル 7,390t（0.3%） キウイフルーツ 22,500t（1.0%）
クリ 16,900t（0.7%）
ブドウ 163,400t（7.0%）
ウメ 71,100t（3.0%）
オウトウ 17,200t（0.7%）
スモモ 16,500t（0.7%）
モモ 98,900t（4.2%）
ビワ 2,650t（0.1%）

カキ 193,200t（8.3%）

西洋ナシ 27,700t（1.2%）

日本ナシ 170,500t（7.3%）

ミカン 765,800t（32.8%）

14品目の収穫量 2,337,000t（令和2年）（100%）

リンゴ 763,300t（32.7%）

主要14品目の収穫量

資料：農林水産省「作物統計調査」

その他のカンキツ 585億円（7%）
その他 799億円（9%）
ウメ 333億円（4%）
オウトウ 417億円（5%）
カキ 434億円（5%）
モモ 592億円（7%）
日本ナシ 708億円（8%）
リンゴ 1,547億円（18%）
ブドウ 1,732億円（20%）
ウンシュウミカン 1,594億円（18%）

果実産出額 8,741億円（令和2年）（100%）

果樹別生産額

資料：農林水産省「生産農業所得統計」

③ 果実の輸入・輸出

日本がもっとも多く輸入している果実は、バナナです。

ほかに、パイナップル、キウイフルーツなどを輸入しています。

日本が輸出している果実で一番多いのは、リンゴです。

ブドウ、モモなども輸出しています。

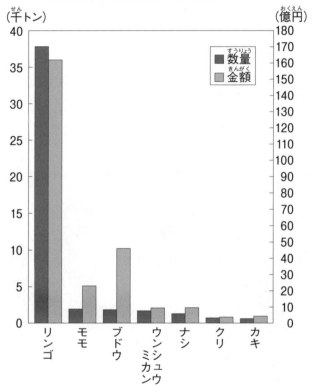

主な果実の輸出量・輸出額（2021年）

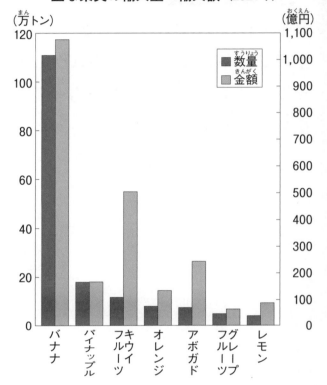

主な果実の輸入量・輸入額（2021年）

❶ 果樹の一生

苗木を植えたら、数年間は木を大きく育て、果実をならせません。

木が育ったら、果実をならせ収穫します。

その後、何十年も、毎年収穫できます。

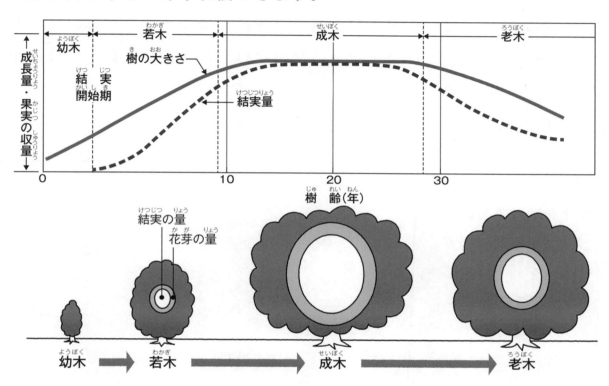

果樹の一生（樹齢と花芽形成量および結実量）

▌上級

果樹の一生

　幼木：苗木を植え付けた後の数年間は、栄養成長を
　　　　優先し、花・実はならせません。

　若木：ある樹齢になると、生殖成長も始まり、花や実をつ
　　　　けます。この年齢を結果開始年齢といいます。結
　　　　果開始年齢は、果樹の種類で違います。

　成木：樹は大きくなり、着果量が多くなり、毎年ほぼ
　　　　一定の果実が生産されるようになります。この
　　　　収量がほぼ一定になっている期間を盛果期とい
　　　　います。

　老木：栄養成長も生殖成長も衰え、樹勢は弱るので、
　　　　果実の収量は少なくなります。

主な果樹の結果開始年齢と盛果期

種　類	結果開始年齢	盛果期（年）
モモ	2〜3	8〜20
ブドウ	2〜3	8〜25
イチジク	3〜4	8〜25
ニホンナシ	3〜4	10〜30
クリ	3〜4	10〜30
ウメ	3〜4	10〜30
オウトウ	4〜5	10〜25
ビワ	4〜5	12〜30
ウンシュウミカン	4〜5	15〜40
カキ	4〜6	15〜40
セイヨウナシ	5〜6	15〜30
リンゴ	5〜6	15〜40

❷ 果樹の生育

（1）葉芽・花芽の形成

果樹の芽には、葉が出る「葉芽」と、花が咲いて果実が実る「花芽」とがあります。

果樹の種類によって、花芽がつくられる時期が違います。多くの果樹では、花が咲いて果実が実る前の年に、花芽がつくられます。

花芽の形成には、2つのタイプがあります。モモやオウトウは、去年伸びた枝に花芽がつきます。リンゴ、ナシ、ブドウは、今年伸びた新しい枝に花芽がつきます。ウンシュウミカンには、両方のタイプがあります。

花芽の位置によって、枝のせん定の方法が違います。

■ 上級

花芽分化を助ける要因

・窒素肥料が効き過ぎないよう量を少なくします。

・せん定を弱めにします。

・結実過多を避けます。

・土壌水分をやや少なめにします。

花芽分化の時期

多くの落葉果樹は6〜8月に花芽分化します。ブドウは5月下旬〜7月、ウンシュウミカンは1〜2月です。

花芽の種類

花芽には、発芽して花だけを生じる純正花芽と、枝葉と花とを生じる混合花芽があります。

（2）開花・結実

花が咲き、おしべの花粉がめしべに受粉すると、結実し、果実が成長を始めます。

しかし、ウンシュウミカンのように、受粉しなくても果実が成長する果樹もあります。

ブドウはジベレリン処理をすると単為結果して種なし果実になります。

上級

　受精しなくても果実が発育することを単為結果といいます。単為結果する果樹は、ウンシュウミカンのほか、イチジク、カキの平核無などがあります。ブドウ以外にも、ジベレリン処理をすると単為結果して種なし果実になる果樹もあります。

上級

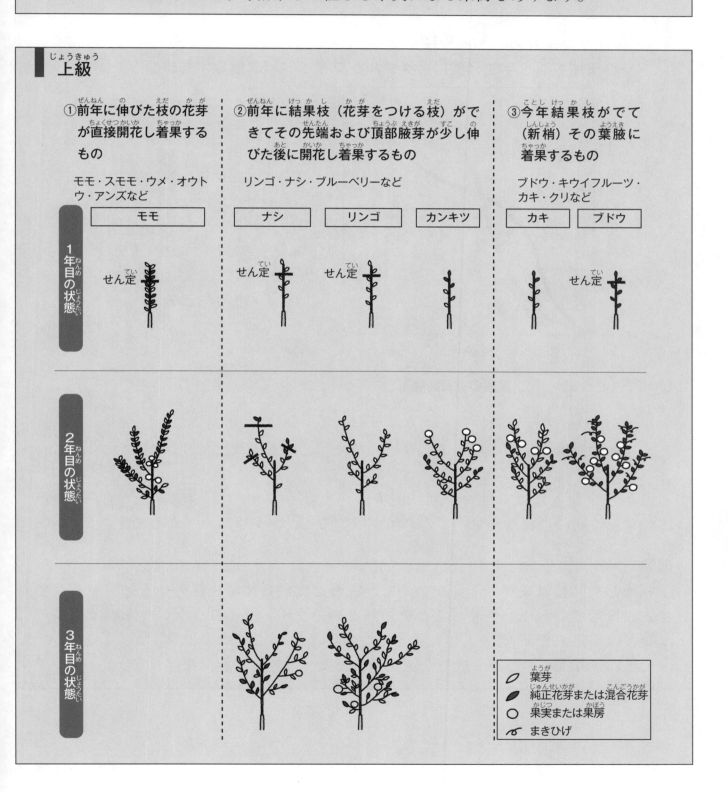

①前年に伸びた枝の花芽が直接開花し着果するもの

モモ・スモモ・ウメ・オウトウ・アンズなど

②前年に結果枝（花芽をつける枝）がでてきてその先端および頂部腋芽が少し伸びた後に開花し着果するもの

リンゴ・ナシ・ブルーベリーなど

③今年結果枝がでて（新梢）その葉腋に着果するもの

ブドウ・キウイフルーツ・カキ・クリなど

葉芽
純正花芽または混合花芽
果実または果房
まきひげ

（3）果実の発育・成熟

　果実は徐々に大きくなり、糖分をためて、成熟するとほとんどのものは甘くなります。そして、細胞が変化してやわらかくなります。

　果実の成長は、まず細胞の数が増え、次に細胞が大きくなります。

■ 上級　　果実の肥大の仕方

シグモイド（S字曲線型）とダブルシグモイド（二重S字曲線型）

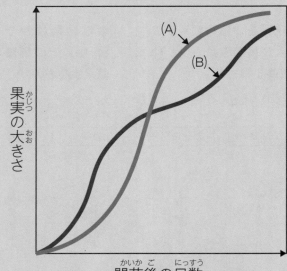

（A）S字型成長曲線型：ニホンナシ・リンゴ・カンキツ類・ビワ・クリ・クルミ・パイナップル

（B）二重S字型成長曲線型：モモ・ウメ・アンズ・スモモ・オウトウ・カキ・ブドウ・イチジク・ブルーベリーなど

果実の成長曲線

　果実の肥大の仕方には、2つのタイプがあります。

　S字曲線型は、生育中期の肥大が盛んです。このタイプは、リンゴ、カンキツ類、ナシなどです。

　二重S字曲線型は、生育中期に肥大が遅くなります。この時期は、種子や核が成長する時期に当たります。このタイプは、モモ、ブドウ、カキなどです。

追熟

　収穫した時には成熟していないので、収穫してから後に成熟させる果実があります。収穫してから成熟させることを追熟といいます。セイヨウナシ、キウイフルーツなどは追熟させます。

　追熟により果実の着色や成分が変化して、食べられる状態になります。

3 果樹の栽培環境

（1）気温・日照・降水量・風

　新梢（＝新しく伸びる枝）と果実の生育には、適切な気温、日照時間、降水量が必要です。

　また、強い風が吹くと、果実が落ちたり、傷ついたり、枝が折れたりするので、風をさけて栽培します。例として、防風林や防風ネット、誘引などがあります。

　ナシで棚栽培をするのは、台風などの強風で果実が落ちたり、傷ついたりしないようにするためです。

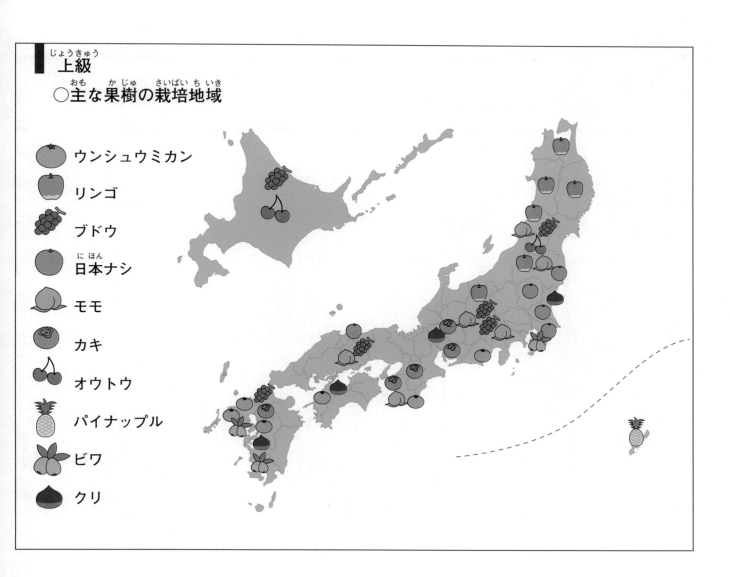

■ 上級
○主な果樹の栽培地域

ウンシュウミカン
リンゴ
ブドウ
日本ナシ
モモ
カキ
オウトウ
パイナップル
ビワ
クリ

（2）施肥

　果樹の生育には、窒素、リン、カリウムのほか、バランスのとれた栄養素が必要です。

　肥料を与える時期と、与える量が適切であることも大事です。

（3）土壌（詳細は、7～18ページ、58～61ページ）

　果樹が根を張り、養分や水分を吸収するためには、適切な土づくりが必要です。

　肥料が流れ出しにくいこと、保水性（水もち）、排水性（水はけ）が大事です。

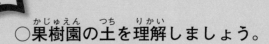
実技・上級

○果樹園の土を理解しましょう。

上級

○果樹の生育に適した三相分布

　一般の畑作と比べ、固相が高めがよいとされています。

土壌の三相	分布率（％）
固　相	40～55
液　相	20～40
気　相	15～37

7 果樹の栽培管理

1 木の管理

（1）苗木の生産・育成

果樹の苗木は、「台木」に「穂木」を「接ぎ木」して作るのがふつうです。

台木は、根がよく張り、病気に強い品種を選びます。

穂木は、品質の高い果実が実る、すぐれた品種を選びます。

接ぎ木には、枝接ぎと芽接ぎがあります。

台木に枝をつぐことを「枝接ぎ」といいます。

枝接ぎの方法には、切り接ぎ、割り接ぎ、腹接ぎがあります。

台木に芽をつぐことを「芽接ぎ」といいます。

芽接ぎの方法には、T字形芽接ぎ、そぎ芽接ぎがあります。

生産方法	解　説	特　性
接ぎ木	台木に穂木をつぐ	果樹では一般的
さし木	枝や葉などの一部を切り、土や培養土にそれらをさして芽や根を出させて苗にする	ブドウ台木、イチジクなど
取り木	枝の一部を曲げて土に埋め、根が出たら切り離して苗にする	リンゴ台木など
実生	種をまいて苗をつくる	台木の生産

さし木

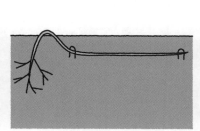

取り木（発根前）

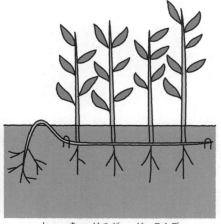

取り木（発芽・発根後）

43

苗木生産には、栄養繁殖法（接ぎ木など）と種子繁殖法があります。

種子から繁殖した苗は実生苗といいます。

種子繁殖するのは、台木を育成する時や新品種を育成する場合です。

良い苗木は、細根がよく伸びて、病害虫におかされていないものです。

穂木は、病害虫におかされていないものを使います。

接ぎ木の目的

① 同じ品種や同じ系統の個体を増やします。

② 結実開始期を早くします。

③ 高接ぎによって短い期間で品種を更新します。

④ 抵抗性台木によって病害虫の被害を少なくします。

○基礎的な枝接ぎの方法の違いを理解しましょう。

切り接ぎ

台木と穂木の形成層を合わせて穂木を差し込みます。

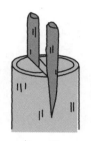

割り接ぎ

台木を割ってくさび状の穂木を差し込みます。
おもに主枝の更新に用います。

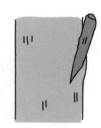

腹接ぎ

枝や幹を切断しないで、その途中に接ぐ方法です。

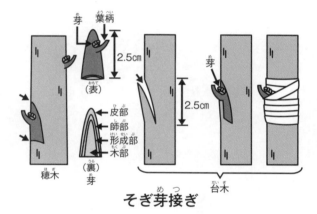

芽　葉柄
2.5cm
（表）
芽
2.5cm
皮部
師部
形成部
木部
穂木
（裏）芽
台木

そぎ芽接ぎ

①穂木の芽の下と上から小刀を入れ、はがす。②台木の上から小刀を入れる。③芽を挿し込む。④芽と葉柄を出すようにしてビニルテープで縛る。

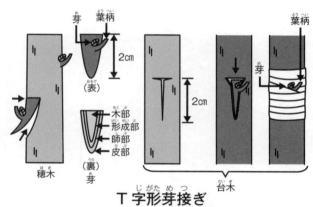

芽　葉柄
2cm
（表）
葉柄
木部
形成部
師部
皮部
芽
穂木
（裏）芽
2cm
台木

T字形芽接ぎ

①穂木の芽の下からと上に小刀を入れ、はがす。②台木にT字形にきざみ目を入れる。③T字形の部分をあけて、芽を挿し込む。④芽と葉柄を出すようにしてビニルテープで縛る。

○接ぎ木に必要な器具を理解しましょう。

小刀（切り出し）

接ぎ木テープ

接ぎ木用フィルム

○接ぎ木苗の植え付け方を理解しましょう。

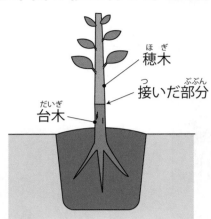

穂木

接いだ部分

台木

接いだ部分を地上に出します。

○切り接ぎのやり方を理解しましょう。

台木

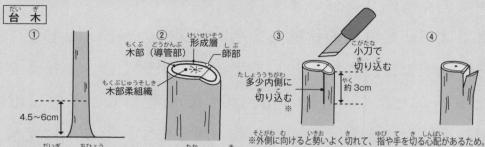

①台木は地表 5 ～ 20cm の高さで切ります。

②肩の部分を 45 度の角度で切り上げて取り除きます。

③斜めになった部分で直下に向けて切りこみます。

④切り口が乾燥しないうちに穂木を接ぎます。

穂木

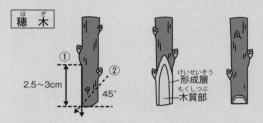

①滑らかな面を選び、台木の切り込みよりもわずかに長めにそぐ。

②45 度の角度で切り返す。

接ぎ方

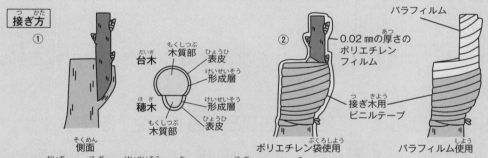

①台木と穂木の形成層を合わせて穂木をさし込みます。

形成層は肉眼で確認できないので木質部（導管部）の外側を合わせます。

②しっかりとテープで固定します。

台木と穂木を乾燥防止剤や乾燥防止テープで覆います。

台木と穂木の合わせ方 （注意）台木と穂木の間にすき間ができないように注意します。

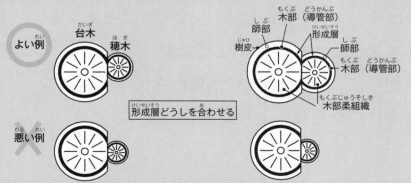

（2）植え付け

・果樹は一度植え付けると長期間栽培するので、植え付け間隔、植え付け本数など事前によく計画して行います。

・落葉果樹では、落葉直後の秋植えまたは発芽前の春植えとします。寒冷地や降雪のある地域では、春植えとします。常緑果樹では、春植えを行います。

・植穴はなるべく大きく（直径1ｍ、深さ0.5ｍ程）し、下層に堆肥、土壌改良剤と掘り上げた土を混ぜたものを埋め戻します。その上に定植し、元の地表より少し盛り上がる程度とします。

・苗は浅植えとし、接ぎ木苗の場合は、接ぎ木部分は地表に出るようにします。

・活着して根が伸長するまでの間、支柱を立てます。

（3）整枝・せん定

「整枝」は、枝を切ったり誘引するなどして木の形を整える作業です。

「せん定」は、枝を切ることです。

花つきをよくしてよい果実を安定して収穫することと、作業をしやすくすることが目的です。

木の中の方まで日当たりと風通しを良くすることで、病虫害を抑制する効果もあります。

枝を切る程度によって、「強せん定」と「弱せん定」があります。

強せん定は栄養成長を盛んにします。弱せん定は栄養成長を弱め、生殖成長を盛んにします。

果樹には、それぞれの種類や品種に特有な仕立て方（樹形）があります。

主幹形はリンゴ、モモのわい化栽培など、変則主幹形はリンゴ、カキなど、開心自然形はモモなど、棚仕立てはブドウ、ニホンナシなどです。

整枝にあたっては、主幹の１カ所から何本も主枝を出した「車枝」にならないように注意します。

車枝

■ 上級

せん定は、冬にする「冬季せん定」が中心となります。「夏季せん定」は補助的に行います。

せん定には、「切り返しせん定」と「間引きせん定」の2種類があります。

「切り返しせん定」は、新しく伸びた枝を途中で切るもので、新梢（新しく伸びる枝）の成長を盛んにします。

「間引きせん定」は、必要とする枝を残して、いらない枝を切り落とします。風通しや日当たりを良くします。

実技・上級

○せん定の原則を理解しましょう。

せん定する前に、木全体を観察し、主枝や亜主枝の配置、枝の混み具合、実を成らせる位置などを考えて、せん定する枝を決めます。

まず、主枝から始めます。先端から基部に向かって、いらない枝を切ります。

いらない太い枝は、枝の元の部分からのこぎりで切り落とします（間引きせん定）。

残す細い枝は、伸ばそうとする方向の葉芽の上で切ります（切り返しせん定）。

いらない細い枝は、枝の元の部分から鋏で切り落とします（間引きせん定）。

○せん定の方法を理解しましょう。

主幹から伸びた新梢を切る

間引きせん定　　　　切り返しせん定

せん定前

せん定後

太枝の切り方

細枝の切り方

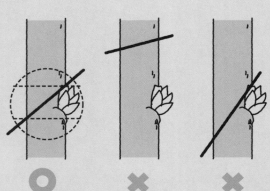

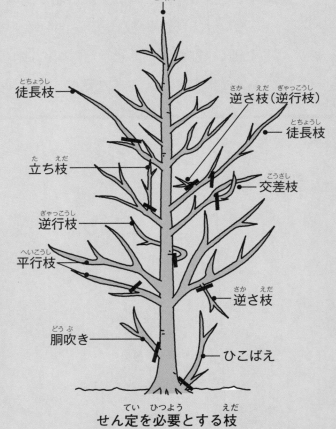

心枝

徒長枝

逆さ枝（逆行枝）

徒長枝

立ち枝

交差枝

逆行枝

平行枝

逆さ枝

胴吹き

ひこばえ

せん定を必要とする枝

徒長枝、立ち枝、逆行枝、平行枝、逆さ枝、交差枝、
胴吹き、ひこばえなどはせん定します。心枝は切りません。※
※苗木など、木の高さを高くしたい場合には切ることもあります。

実技・上級

○主な仕立て方（樹形）と果樹の種類を理解しましょう。

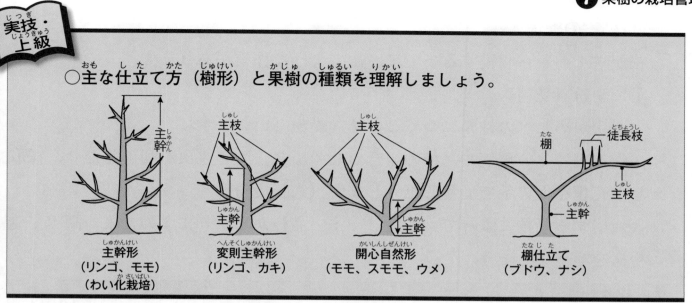

主幹形
（リンゴ、モモ）
（わい化栽培）

変則主幹形
（リンゴ、カキ）

開心自然形
（モモ、スモモ、ウメ）

棚仕立て
（ブドウ、ナシ）

（4）誘引

　ニホンナシ、ブドウなどは、若い枝を伸ばす方向を整える、誘引の作業をします。

実技・上級

落葉果樹

○ナシ、ブドウの誘引の仕方を理解しましょう。

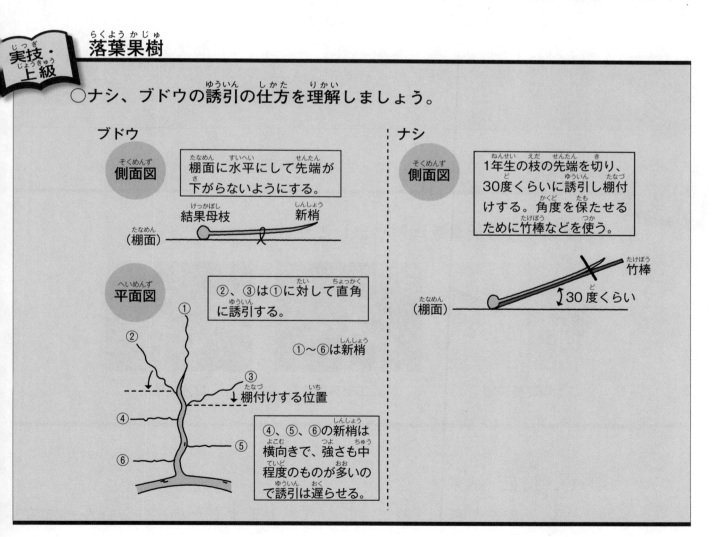

ブドウ

側面図　棚面に水平にして先端が下がらないようにする。

結果母枝　新梢

（棚面）

平面図　②、③は①に対して直角に誘引する。

①～⑥は新梢

↓棚付けする位置

④、⑤、⑥の新梢は横向きで、強さも中程度のものが多いので誘引は遅らせる。

ナシ

側面図　1年生の枝の先端を切り、30度くらいに誘引し棚付けする。角度を保たせるために竹棒などを使う。

竹棒

30度くらい

（棚面）

（5）結実の管理

花が咲く前から収穫するまでに、次のような作業があります。

① 受粉（受精）

花粉がめしべの柱頭につくことを、受粉といいます。

受粉しにくい環境や品種の組合わせの場合、誘花昆虫を利用したり、採取した花粉を人の手で受粉したりします（人工授粉）。

栽培する品種によって、受粉しやすい品種が異なりますのでよく調べて受粉樹を植えましょう。

> **上級**
>
> 受粉のタイプには、自家受粉と他家受粉の2つがあります。
>
> ① 自家受粉：同じ品種どうしの受粉。
> ② 他家受粉：違う品種の受粉。
>
> リンゴ、ニホンナシなどでは、同じ品種どうしでは受精しない「自家不和合性」の品種が多くあります。また、異なる品種でも受精しない品種もあります（交雑不和合性）。このような品種では受精しやすい組み合わせを調べて受粉する必要があります。

実技・初級

落葉果樹

○人工受粉に使う器具を理解しましょう。

| 電動受粉器 | 人工受粉器 | ぼんてん |

② 摘らい・摘花・摘果

品質のよい果実を収穫し、翌年の花つきをよくするために、余分なつぼみ、花、若い果実を摘み取ります。

上級

果樹では、生理落果が終わるまで、予備摘果ではやや多めに果実を残し、その後本摘果（仕上げ摘果）をします。

ウンシュウミカンやリンゴでは摘果に薬剤（摘果剤）を使うこともあります。

隔年結果は、結実の多い年と少ない年が1年おきに起きることです。カンキツ類やカキで起こりやすく、これを防ぐために摘らい・摘花・摘果を行います。

葉果比 品質の良い果実が1個なるのに必要な葉の数。

一果（房）あたりの必要葉数

リンゴ	40 〜 70	甘柿	18 〜 20
ナシ	30 〜 40	巨峰	15 〜 20
ウンシュウミカン	25 〜 30	デラウェア	9 〜 10
モモ	20 〜 30	サクランボ	4 〜 7

実技・初級 **共通**

○摘果する果実を理解しましょう。

① 病害虫の被害や傷がある果実
② 発育が遅れたり、変形している果実
③ 袋かけしにくい位置の果実

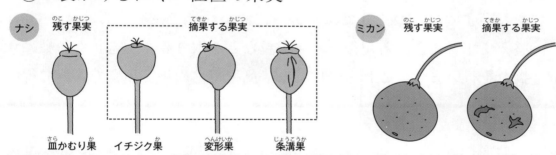

ナシ　残す果実　摘果する果実
皿かむり果　イチジク果　変形果　条溝果

ミカン　残す果実　摘果する果実

常緑果樹

○ウンシュウミカンの摘果を理解しましょう。

大きさや形がそろった果実を残します。

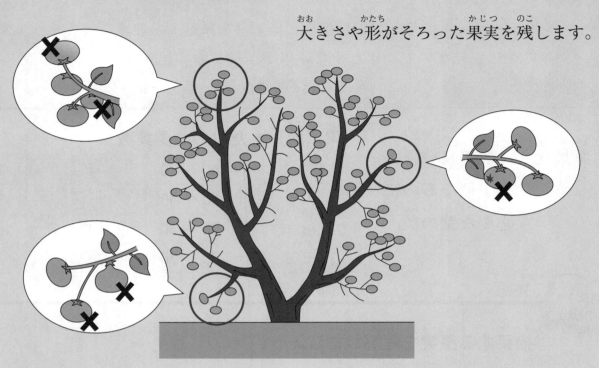

○ブドウの房づくり・摘粒を理解しましょう

　ブドウでは、花振るいの防止や房の形を整えるため、開花数日前に房づくりを行います。房づくりでは、房の枝分かれしている分部の除去や房の長さを整えます。また、着粒後、不良果粒などを取り除き、適正な粒数にするため、摘粒を行います。これらの作業は、品種特性や果実品質を考えて行います。

③　袋かけ

　病害虫を防ぎ、果実をきれいに仕上げるため、果実を袋で包みます。

落葉果樹

○基礎的な袋かけの仕方を理解しましょう。

落葉果樹

○主な果樹の袋の種類と袋掛けの仕方を理解しましょう。

ナシ用　　　　　モモ用　　　　　リンゴ用　　　　ブドウ用

ナシ

止金

袋をふくらませ、果実を袋内中央に入れ、止金のついていない方をすぼめます。

止金のついている方もすぼめ、止金を横にたおし、果梗に巻きつけ口元をしっかりしめます。

袋の底を押し、風船のようにふくらませます。

モモ

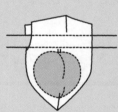
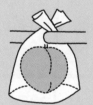
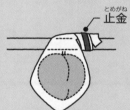

止金

袋をふくらませ、袋の切り込みのところに枝を入れ、果実を確実に袋の中央に入れます。

袋の口を枝の反対側ですぼめて合わせ、枝の元の方へ寝かせて枝ごと止金を巻きつけてしっかりしめます。

リンゴ

袋をふくらませ、果実を袋の中央に入れ、果梗を切込みに差し込みます。

口元を止金のついていない方からすぼめます。

反対側の口元を寄せて止金を下からしっかり巻きつけます。

袋の底を押して、風船のようにふくらませます。

ブドウ

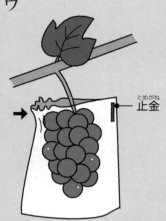 

袋をふくらませ、房を袋のまん中に入れ、止金のついていない方をすぼめます。

止金のついている方をすぼめ止金を横にたおし、果軸に巻きつけて口元をしっかりしめます。

【共通事項】①果実は確実に袋の中央に入れます。
②止金をしっかり巻きつける時に果梗や枝をつぶさないように注意します。

（6）収穫

　果樹によって収穫に適する時期が違います（右表）。それは果実の品質はもとより、収穫後の流通や、鮮度を保つことのできる期間などによって決められます。できるだけ品質の高い果実を収穫するため、果皮の色、果肉の硬さ、糖・酸含量などにより適期を判断します。

ウンシュウミカン	10月中旬 ～ 12月上旬
リ　ン　ゴ	9月上旬 ～ 11月中旬
ナ　　　シ	8月中旬 ～ 11月下旬
ブ　ド　ウ	8月中旬 ～ 10月上旬
モ　　　モ	6月下旬 ～ 8月下旬
カ　　　キ	9月下旬 ～ 12月上旬

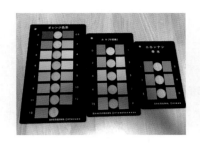

カラーチャート

果実の熟度・収穫適期
の判定に使用します。

屈折糖度計<rt>くっせつとう ど けい</rt>

果実の糖度（甘さのレ
ベル）を測定します。

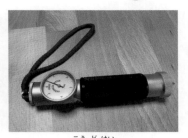

硬度計<rt>こう ど けい</rt>

果実の硬度を測定して、
熟度・収穫時期などの
判定に使用します。

　セイヨウナシ、キウイフルーツなどは、収穫したあとに、貯蔵して熟させま
す（追熟）。

常緑果樹

○ウンシュウミカンの収穫の仕方を理解しましょう。

▼二度切りし、残った「軸（果梗）」の長い
部分を切り落とします。

▲刃先でミカンを傷つけないように枝から切り離しま
す。引きもぎをすると果実を傷つけてしまいます。

（7）品種更新 　上級

① 改植

樹勢が弱り、収量が少なくなった老木や不良な品種の園地では、新しい苗木に植えかえる「改植」を行います。

② 高接ぎ

果樹の枝に、新しい品種の枝を接ぎ木する方法です。元の（果樹の）枝を切るやり方と、力枝として残すやり方の2つのタイプがあります。

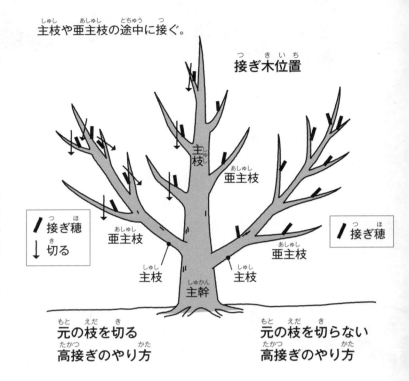

主枝や亜主枝の途中に接ぐ。

接ぎ木位置

主枝

亜主枝

亜主枝

亜主枝

／　接ぎ穂
↓　切る

／　接ぎ穂

主枝　　　　　主枝

主幹

元の枝を切る
高接ぎのやり方

元の枝を切らない
高接ぎのやり方

② 土壌の管理

（1）土壌表面の管理

土壌の表面の管理には、①雑草を生やさない方法、②稲わらや草を敷く方法、③草をいつも生やしておく方法、④それらを組み合わせた方法、があります。

傾斜地の多い果樹園では、土壌が流れるため、①の方法は適していません。

｜　上級

清耕法（裸地法）は、果樹園の土壌表面をいつも裸地（＝草が生えていない）状態にしておく方法です。表土が雨水で流れやすくなります。

マルチ法は、根が張っている範囲を、わら、刈り草、ポリエチレンフィルムなどで覆う方法です。土壌の流亡、水分の蒸発を防ぐ効果があります。

草生法は、草をはやし、果樹園の土壌表面を覆う方法です。養分や水分が果樹と競合したり、病害虫の発生源となることもありますが、益虫（天敵）のすみかとなることもあります。

草生法に使われる主な草は、イネ科やマメ科の牧草などです。

折衷法は、長所を活かし欠点を補うために、これらを組み合わせた方法です。

実技・
上級

○土壌表面の管理の仕方とその特徴を理解しましょう。

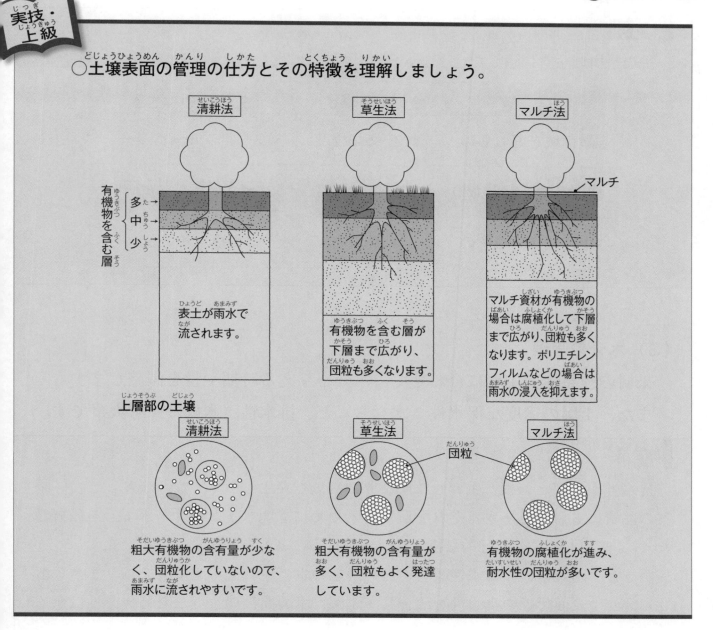

清耕法

草生法

マルチ法

マルチ

有機物を含む層 { 多 中 少

表土が雨水で流されます。

有機物を含む層が下層まで広がり、団粒も多くなります。

マルチ資材が有機物の場合は腐植化して下層まで広がり、団粒も多くなります。ポリエチレンフィルムなどの場合は雨水の浸入を抑えます。

上層部の土壌

清耕法

草生法

マルチ法

団粒

粗大有機物の含有量が少なく、団粒化していないので、雨水に流されやすいです。

粗大有機物の含有量が多く、団粒もよく発達しています。

有機物の腐植化が進み、耐水性の団粒が多いです。

（2）土壌の保全・改良

大雨などで土壌が流れないよう、排水溝をつくります。

また、土壌が崩れないよう、石垣を積んだりもします。

土壌を深く耕したり（深耕）、有機物を入れると、保水性や通気性がよくなり、根の育ちがよくなります。

果樹によって、栽培に適した土壌のpHが異なります。

日本は酸性の土壌が多いので、アルカリ性の石灰質資材などでpHを調整します。

主な果樹の生育に適した土壌のpH

特　徴	おおよそのpH	主な果樹の種類
酸性域を好むもの	4.0〜5.0程度	クリ、ブルーベリー
弱酸性域を好むもの	5.0〜6.0程度	カンキツ類、リンゴ、ニホンナシ、モモ、カキ
中性域を好むもの	7.0程度	ブドウ、イチジク

（3）水分の管理

　果樹の種類と、生育に合わせて、水分を与える時期や量を調整します。また、土壌の適度な保水性（水もち）と、排水性（水はけ）も大事です。

　排水性が悪いと、根が生育しなくなり、病気も発生しやすくなります。また、果実の品質にも影響します。それを解決するために「明きょ」や「暗きょ」を設置したり、「盛土」により部分的な排水性改善を行うこともあります。

明きょ：園地全体の排水性改善のため園地の水の流れを考えて溝を掘ります。地表面付近の排水性を改善しますが、木の間に溝を掘るため作業性は悪くなります。

暗きょ：園地全体の排水性改善のため、水はけを悪くしている水の通りにくい土層を壊して排水管を埋めます。素焼き土管や専用の穴の開いた筒を1m程度の深さに埋め、排水性のよい資材で管の周りを保護し、土を埋め戻します。作業性は良いですが施工費が高くなります。

盛　土：地表面より高く土を畝状に盛り上げ木を植えます。その盛土の間を水が流れやすくする方法です。木の株元だけ土を高く盛り上げて植栽する場合もあります（客土ともいいます）。排水性の改良は限られた部分だけですが比較的簡単に施工できます。

（4）施肥（詳細は16〜18ページ）

肥料は年に数回与えますが、役目が異なる「元肥」と「追肥」とがあります。

「元肥」は、1年の生育の基礎となる栄養分です。

「追肥」は、元肥だけでは栄養分が足りないときに、与えます。

上級

元肥は、成長を開始する前の休眠期間中に与えます。落葉果樹では12〜1月に、常緑果樹では、3〜4月に与えます。

成木では、肥料を土壌の表面に散布する「表層施肥」がふつうです。このほか、深耕したときに有機物などと一緒に全層に施用する「全層施肥」、肥料成分を水に溶かして木全体に吹きかける「葉面散布」もすることがあります。

追肥には、春肥、夏肥、秋肥があり、速効性肥料が使われます。

・春肥：新芽、枝や葉が育つように与えます。芽出し肥ともいいます。

・夏肥：果実が育つように与えます。実肥ともいいます。

・秋肥：樹勢を回復し貯蔵養分が増えるように与えます。お礼肥ともいいます。

---

❸ 病害虫・雑草の管理 （詳細は18〜22ページ）

（1）化学的防除

病害虫を防ぐことを、「防除」といいます。

化学薬剤（農薬）を使う防除（＝化学的防除）が、一般的です。

農薬は、法律などで決められた、正しい方法で使わなくてはいけません。

（2）耕種的防除

病害虫に強い品種や台木を使うことなどで被害を少なくするやり方です。

（3）総合的防除

防除の方法には、土づくり、せん定で風通しと日当たりをよくする、天敵の利用（生物的防除）、袋かけ、誘蛾灯（物理的防除）などもあります。

農薬だけにたよらず、いろいろな方法を使って、一番良い方法を見つける

ことが大切です。

4 注意すべき栽培管理

　永年作物である果樹では、木を適地に植えたとしても、突発的な気象災害により被害が大きくなります。特に、地球規模で問題となっている温暖化による異常気象は見逃すことができません。極温（最高、最低）の大きな変化、積乱雲の発達に由来する突風、雨雲の異常発生（線状降水帯）による豪雨などが多く発生し、木や果実に大きな被害が出るようになりました。日ごろからの対策により被害を少なくすることが大切です。

■ 上級

○注意すべき気象災害および原因と対策を理解しましょう。

注意すべき 気象災害	原因と対策	
高温	それぞれの果樹により温度への反応は異なりますが、蒸散量が多くなるため、根からの水の供給が追い付きません。その結果、日焼け、葉焼け、着色不良、しおれ、衰弱、枯死のような症状が発生します。	・園地を日よけで覆う ・潅水を定期的に行う ・保湿性のある土壌に改良する
低温	それぞれが持つ耐寒性を超える温度で凍害が発生します。また、春先の高温により耐凍性が緩んだ時に低温障害に遭遇すると発芽異常や大枝の枯死などが起こります。また発芽後の遅霜は新梢の枯死や収穫量に大きく影響します。	・樹体被覆 ・燃焼材による加温 ・防霜ファン ・施設化
台風	極端に気圧が低下し、強風域が大きく発達する台風が増えています。落葉、落果や倒木が発生します。	・防風樹 ・枝の誘引 ・防風ネット、施設 ・気象情報に注意

注意すべき気象災害	原因と対策	
突風（竜巻）	発達した積乱雲からは、竜巻、ダウンバーストなどの激しい突風をもたらす現象が発生します。落果や倒木が発生します。	・防風樹 ・防風ネット、施設 ・気象情報に注意
干ばつ	特に内陸性気候で降水量の少ないところでは注意が必要です。土壌乾燥や植物の蒸散が促進され被害が大きくなります。果実品質の劣化や木の枯死が起こります。	・安定水源の確保 ・少量灌水技術の導入 ・蒸散の抑制
洪水	雨雲が一定地域を通過する（線状降水帯）ことにより長時間にわたって激しい降雨があります。河川が近くを流れる低地では、堤防が崩れると水が湛水するとともに土砂も流入します。また山際では土砂崩れも発生します。果実の損傷や倒木が発生します。	・排水路の確保 ・気象情報に注意
ひょう	激しい上昇気流による積乱雲内で発生する氷の粒で、雷と共に発生することが多いです。予測は難しく地域が限られます。果実の損傷や倒木が発生します。	・気象情報に注意 ・防ひょうネット（多目的防災ネット）

防ひょう、防風、防虫などを目的に多目的防災ネットを導入する地域もあります。

5 出荷・貯蔵

　収穫した果実は、大きさ、味、外観（見た目）、などによって選果し、出荷します。特に腐敗果の発生につながるキズ果、軟果を取り除くことが大切です。計画的に出荷するために、貯蔵を長くする技術があります。

　カンキツ類は、貯蔵する前に、水分を数％乾燥させる「予措」を行うことがあります。

　リンゴは冷蔵施設で冷やし、O_2を減らしCO_2を増やして、長期貯蔵（CA貯蔵）をすることがあります。

上級

　貯蔵は、収穫後の果実の呼吸や蒸散を少なくして果実の品質が悪くなるのをできるだけ少なくするのがねらいです。

　主な貯蔵法には、常温貯蔵（カンキツなど）、低温貯蔵（リンゴ、ナシなど）、CA貯蔵（リンゴなど）、フィルム包装貯蔵（カキなど）などがあります。

実技・上級

○予措の仕方（ウンシュウミカン）

　貯蔵性をよくするために貯蔵前に「予措」を行います。

　果実の重さの３～５％減少するように果実を乾かします。

　果実を15℃や20℃に加温する高温予措もあります。高温予措では着色が良くなりますが、傷果などの腐敗が速く進むので、果実を点検し腐敗した果実を取り除くことが必要です。

8 病害虫防除

1 病害虫・雑草の発生

農地は次のような条件があるため、病害虫や雑草が発生しやすい条件になっています。

- 同じ種類の植物（作物）だけが栽培される
- 作物は野生種に比べて、病害虫に対する抵抗性物質（苦味など）が少ない
- 作物は野生種に比べて、食用部分が大きく、栄養価も高い
- 雑草の生育を阻害する植物が少なく、光が多くある。
- 耕うん・施肥などにより、雑草の生育に良い条件となる。

2 病害虫・雑草による被害

病害虫は、病気になったり、食い荒らすことで作物の生育を悪くし、品質を低下させたり、収穫量を減らします。

雑草は、日光や肥料分を奪い合うことで、作物の生育を悪くし、収穫量を減らします。

病害虫や雑草の害によって、本来世界中で収穫できたとされる農産物の収量の35％が失われている、と言われています。

特にわが国では、高温多湿の気候のため、年間を通じて様々な病害虫が発生します。このため作物の栽培において、病害虫防除は重要な技術です。

3 病害虫・雑草防除の知識

（1）病害虫防除

① 基本的な考え方

病害虫が発生しにくい環境を作ります。

早期に発見し、広がらないうちに早めに防除します。

病害虫を防ぐことを「防除」といいます。

② 総合的病害虫雑草管理（ＩＰＭ、Integrated Pest Management）

防除技術は、手段や使用する資材によって、化学的防除、耕種的防除、物理的防除、生物的防除の４つに分けて考えることができます。
　　４つの防除法を組み合わせて、効率よく防除を行うことを総合防除（総合的病害虫雑草管理）といいます。化学的防除だけにたよらず、いろいろな方法を組み合わせて、一番良い方法を見つけることが大切です。

③　化学的防除

　　化学合成農薬を用いて、病害虫を防除する方法です。
　　農薬については、後の方でくわしく説明します。

④　耕種的防除

　　病害虫に強い品種や台木を使うことで、被害を少なくする方法です。
　　同じ作物を続けて栽培（連作）すると病害虫が多くなるため、何種類かの作物を順に栽培する技術（輪作）です。

⑤　生物的防除

　　病害虫の天敵を用いて防除する方法です。
　　天敵を他から持ってくる（導入）方法と、化学農薬の使用方法などを工夫して、もともといた天敵を死なせずに活用する方法（保護）の２つの方法があります。
　　天敵微生物には、化学合成農薬のように水に溶いて散布するものもあります。

⑥　物理的防除

　　ネットや袋掛けなどにより病害虫の侵入を防ぐ方法（遮断）です。
　　害虫の嫌う色で侵入を防いだり、好む色の粘着シートで害虫を捕獲したりします。
　　熱の利用によって種子消毒をしたり、土壌消毒をしたりします。

（２）雑草防除（18〜22ページ参照）

4　発生予察

　　各県ではおもな農作物について、病害虫の発生状況を調査しています。この

情報と長期気象予報をあわせて、病害虫の発生予測(予察)をして発表しています。
発生予察情報を活用することで、効率の良い病害虫防除を行うことができます。

❺ 農薬についての知識

（1）農薬の種類

農薬は、病害虫や雑草を防除するために使用される薬剤です。ねずみを殺す殺そ剤や作物の開花や結実を制御するために用いる植物成長調節剤（植調剤）も農薬に含まれます。

天敵など化学合成されたものでない成分のものでも、農薬に含まれます。

農薬 ── 殺菌剤
　　　　　殺虫剤
　　　　　除草剤
　　　　　植物成長調節剤
　　　　　殺そ剤

（2）農薬の剤型

農薬には、成分の種類と使用方法によっていろいろな剤型があります。

剤型	商品の形状	使い方	溶かしたとき	説明
液剤	液体	水に溶かして（薄めて）使用	透明	成分は水に溶ける
乳剤			濁る	成分は水に溶けない
フロアブル剤			濁る	
水溶剤	粉末状		透明	成分は水に溶ける
水和剤			濁る	成分は水に溶けない
ドライフロアブル剤	粉末状		濁る	成分は水に溶けない
粉剤、粒剤	粉末状、粒状	そのまま使用	―	―
油剤	液体		―	―

（3）農薬の登録と安全使用

農薬の中には、人畜毒性があったり、環境に対する影響があるものがあるた

め、すべての農薬は国に登録されています。また、安全に使うために多くの決まり（安全使用基準）があります。

農薬は
- 登録のある作物だけに使用できます。
- 登録のある病害虫・雑草だけに使用できます。
- 決められた希釈倍数で、決められた量を使います。
- 作物の収穫まで決められた日数をあけなくてはなりません。
- 作物の栽培期間中に決められた回数をこえて使ってはいけません。
- 使用した記録をつけておきます。
- 農薬や器具の洗浄水を川や水路に流してはいけません。
- ほかの作物や畑に飛んでいかないよう（ドリフト）注意します。
- 使用者の皮膚などに薬剤がかからないように服装をきちんとします。
- 鍵のかかる保管庫に保管し、使用簿をつけます。

（4）農薬の毒性

農薬の中には、ヒトに対する毒性が強く、「毒物」や「劇物」に指定されているものがあります。

これらについては、保管や使用についての特別な注意が必要です。「毒物」や「劇物」に指定された農薬の保管庫は、鍵のかかるものとし、右のような表示をすることが必要です。

医薬用外劇物

医薬用外毒物

（5）農薬の食品残留

使用された農薬の成分は、微量ですが、収穫後の農産物に残ります。残留してもよい農薬の量（濃度）は、作物ごと、成分ごとに細かく決められています。

農作物に残留する農薬の量は、前の項の安全使用基準を守って農薬を使用すれば、基準値を超えることはありません。

基準値は国によって異なることもあるため、農産物の輸出の際には注意が必要です。

9 果樹の施設栽培

1 施設の種類

ブドウ、ウンシュウミカン、オウトウなど、施設の中で栽培する果樹もあります。
栽培施設には、ガラス室や、ビニルハウス、雨よけがあります。
また、暖房機を使って、施設内の温度を上げる栽培方法もあります。

▌上級

果樹の施設は、屋根が高いなどの特色があります。

施設栽培の目的

① 天候による影響を避け、品質の高い果実を生産します。
② 露地栽培と組み合わせて作業や収穫時期を分散させます。
③ 露地では栽培が難しい熱帯果樹や亜熱帯果樹を栽培します。
④ 高い値段で売るために収穫時期を早めます。

施設栽培の設備には、かん水装置、暖房機、炭酸ガス発生装置などがあります。
暖房機は、石油を使うものが一般的です。温風方式と温湯方式があり、設置が簡単な温風方式が多いです。
炭酸ガス発生装置は、光合成の低下を防ぐため、人工的に二酸化炭素を発生させる装置です。
換気装置は、天窓や側窓などを開ける自然換気と換気扇を使う強制換気があります。

暖房装置

炭酸ガス発生装置

② 栽培管理

　施設内は、外との気温差が大きくなるので、適切な栽培管理が必要です。また、雨があたらないので、水分管理も重要です。

> **上級**
>
> 　施設栽培には被覆や加温を始める時期によって多くの作型があります。
>
> 　落葉果樹は、自発休眠中は、発芽に適した条件になっても発芽しないので、自発休眠が終わる時期を知っておくことが必要です。
>
> 　温度管理では、生育初期は低めにし、少しずつ温度を上げるようにします。

③ 根域制限栽培 　上級

　根を囲ってしまう、新しい栽培方法です。

　水分と肥料をきめ細かく管理できるので、高品質の果実を収穫できます。

　ブドウ、ウンシュウミカンなどで行われています。

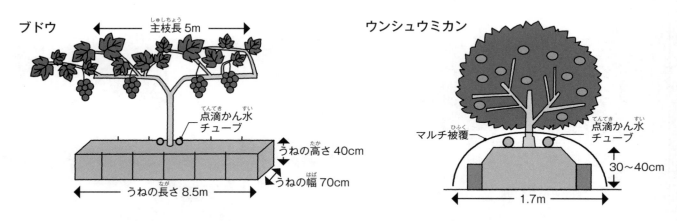

ブドウ
主枝長 5m
点滴かん水チューブ
うねの高さ 40cm
うねの幅 70cm
うねの長さ 8.5m

ウンシュウミカン
マルチ被覆
点滴かん水チューブ
30〜40cm
1.7m

④ マルチング栽培（マルチ栽培）　上級

　多孔質シートやシルバーポリエチレンフィルムを果樹の根の周りの地面に敷いて、雨水が土壌に入らないようにし、水分ストレスを与えて糖度の高い果実を生産する方法です。

10 おもな果樹の特性と栽培管理

1 カンキツ類

カンキツ類は、暖かい地方で栽培されています。

日本で栽培されているカンキツ類のおよそ70％が、ウンシュウミカンです。

ウンシュウミカンの代表的な品種は、宮川早生（22％）、青島温州（12％）、興津早生（12％）です。

カンキツ類は、とくに寒さ、強風に弱いので、防風林や防寒資材を使います。

1年ごとに、実が多くなる年と少ない年（隔年結果）が起きやすいです。

おもな産地は静岡県、和歌山県、愛媛県、熊本県などです。

2 リンゴ

リンゴは、冬に寒い地域で多く栽培されています。

代表的な品種は、ふじ（52％）、つがる（13％）、王林（8％）です。

めしべに花粉をつける人工受粉と、摘らい・摘花・摘果などの作業を行います。

病害虫の被害が多い果樹なので、適切な防除が必要です。袋かけを行うこともあります。

おもな産地は青森県、長野県などです。

上級

わい化栽培

リンゴでは、わい性台木を使ったわい化栽培が行われています。主幹形仕立てにした木を密植します。早く収量を上げることと樹高（木の高さ）を低くして省力化を目指した栽培法です。

---

3 ブドウ

ブドウは、日本全国で広く栽培されています。

代表的な品種は、巨峰（35％）、デラウェア（19％）、ピオーネ（16％）、シャインマスカット（15％）です。

枝を水平に広げ、棚仕立てにします。風や病気に弱いため、施設栽培もします。

植物ホルモンの「ジベレリン」を使い、種なしブドウも栽培されています。
おもな産地は山梨県、長野県、岡山県などです。

4 カキ

カキには甘ガキと、渋ガキがあります。

カキの代表的な品種は、富有（甘ガキ・25％）、平核無（渋ガキ・17％）、刀根早生（渋ガキ・15％）です。

甘ガキは日本原産の果樹で、関東より南の暖かい地方で栽培されています。

栽培されているカキの半分は渋ガキです。渋ガキは、渋抜き加工を行います。

1年ごとに、実が多くなる年と少ない年（隔年結果）が発生しやすいです。

おもな産地は和歌山県、奈良県、福岡県などです。

5 ナシ

ナシは、温暖で雨が多い日本の気候に適していて、各地で栽培されています。

代表的な品種は、幸水（40％）、豊水（27％）、新高（10％）です。

セイヨウナシは、涼しい地域で栽培されています。代表的な品種は、ラ・フラ

ンスです。

ナシは、他の品種の花粉でないと受粉しないので、確実な人工受粉が必要です。

ニホンナシは風で実が落ちやすいので、棚仕立てにします。

おもな産地は千葉県、茨城県、栃木県などです。

6 モモ

モモは、涼しい地域で多く栽培されています。

代表的な品種は、あかつき（19％）、白鳳（16％）、川中島白桃（14％）です。

若木の成長が早く、3年で実がなり、7、8年で大きな木になります。

摘らい、摘果のほか、病害虫を防ぐためと、外観をよくするために袋かけをします。

おもな産地は山梨県、福島県などです。

7 その他

その他、日本で栽培されている果樹には、ウメ、スモモ、オウトウ、ビワ、キウイフルーツ、イチジク、ブルーベリー、クリ、マンゴーなどがあります。

① 農業資材

　果樹園の資材には、ビニルハウスや棚仕立ての資材、強い風や鳥、害虫などを防ぐネット、防除やかん水のためのスプリンクラー、などがあります。

　また、受粉を助けるハチなど昆虫、病害虫防除の薬剤、生育にはたらきかける植物成長調整剤（植物ホルモンと同じ効果を示す化学薬剤）などもあります。

　霜の害を防ぐために防霜ファンを使うこともあります。

　凍害を防ぐためにスプリンクラーを使うこともあります。

■ 上級

主な果樹の植物成長調整剤の使用目的

・果実の皮が浮くのを防ぐ　　：ウンシュウミカン

・種なしにする　　　　　　　：ブドウ

・収穫前の落果を防ぐ　　　　：リンゴ、ニホンナシなど

・成熟を早める　　　　　　　：多くの果樹

・根、枝の発生を進める　　　：リンゴなど

・実を大きくする　　　　　　：ブドウ

実技・上級

○果樹の主な資材と目的を理解しましょう。

　　防鳥ネット、防虫ネット、マルチ資材、反射シート、そのほかの資材

防鳥・防虫ネット　　　　　　　マルチ　　　　　　　反射シート

マルチ<ruby>資材<rt>しざい</rt></ruby>

<ruby>使<rt>つか</rt></ruby>い<ruby>方<rt>かた</rt></ruby>：<ruby>果樹<rt>かじゅ</rt></ruby>の<ruby>根<rt>ね</rt></ruby>の<ruby>回<rt>まわ</rt></ruby>りの<ruby>地面<rt>じめん</rt></ruby>に<ruby>敷<rt>し</rt></ruby>きます。

<ruby>目<rt>もく</rt></ruby> <ruby>的<rt>てき</rt></ruby>：<ruby>土壌<rt>どじょう</rt></ruby>が<ruby>流<rt>なが</rt></ruby>れるのを<ruby>防<rt>ふせ</rt></ruby>ぎます。<ruby>水分<rt>すいぶん</rt></ruby>の<ruby>蒸発<rt>じょうはつ</rt></ruby>を<ruby>防<rt>ふせ</rt></ruby>ぎます。<ruby>雑草<rt>ざっそう</rt></ruby>を<ruby>防<rt>ふせ</rt></ruby>ぎます。

<ruby>反射<rt>はんしゃ</rt></ruby>シート

<ruby>使<rt>つか</rt></ruby>い<ruby>方<rt>かた</rt></ruby>：<ruby>収穫期<rt>しゅうかくき</rt></ruby>に、<ruby>果樹<rt>かじゅ</rt></ruby>の<ruby>下<rt>した</rt></ruby>の<ruby>地面<rt>じめん</rt></ruby>に<ruby>敷<rt>し</rt></ruby>きます。

<ruby>目<rt>もく</rt></ruby> <ruby>的<rt>てき</rt></ruby>：<ruby>太陽<rt>たいよう</rt></ruby>の<ruby>光<rt>ひかり</rt></ruby>を<ruby>反射<rt>はんしゃ</rt></ruby>して、<ruby>果実<rt>かじつ</rt></ruby>の<ruby>色<rt>いろ</rt></ruby>づきをよくします。

❷ <ruby>農業機械<rt>のうぎょうきかい</rt></ruby>

<ruby>農業機械<rt>のうぎょうきかい</rt></ruby>には、<ruby>土壌<rt>どじょう</rt></ruby>を<ruby>耕<rt>たがや</rt></ruby>すもの、<ruby>薬剤<rt>やくざい</rt></ruby>をまくもの、<ruby>除草<rt>じょそう</rt></ruby>に<ruby>使<rt>つか</rt></ruby>うもの、<ruby>結実管理<rt>けつじつかんり</rt></ruby>に<ruby>使<rt>つか</rt></ruby>うもの、<ruby>運搬<rt>うんぱん</rt></ruby>に<ruby>使<rt>つか</rt></ruby>うもの、などがあります。

<ruby>耕<rt>こう</rt></ruby>うん：トラクタ＋ロータリ

<ruby>防除<rt>ぼうじょ</rt></ruby>：ＳＳ（スピードスプレーヤ）<ruby></ruby><rt>えすえす</rt>

<ruby>除草<rt>じょそう</rt></ruby>：<ruby>草刈<rt>くさか</rt></ruby>り<ruby>機<rt>き</rt></ruby>

<ruby>除草<rt>じょそう</rt></ruby>：モア（<ruby>乗用型<rt>じょうようがた</rt></ruby>）

<ruby>栽培管理<rt>さいばいかんり</rt></ruby>：<ruby>高所作業機<rt>こうしょさぎょうき</rt></ruby>

<ruby>運搬<rt>うんぱん</rt></ruby>：モノレール

<ruby>運搬<rt>うんぱん</rt></ruby>：<ruby>運搬車<rt>うんぱんしゃ</rt></ruby>

3 農具

鎌（かま）

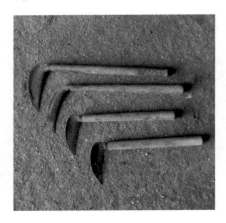

収穫ばさみ（しゅうかく）

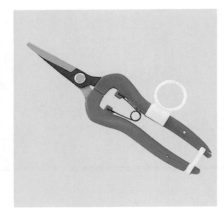

せん定ばさみ（てい）

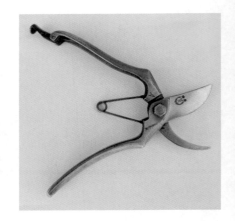

脚立（きゃたつ）

テープナ

○主な果樹用の農具、農業機械を理解しましょう。（おも・かじゅよう・のうぐ・のうぎょうきかい・りかい）

果樹に発生する病害虫

果樹	病害虫の説明	特徴・防除時期・防除方法
カンキツ	**かいよう病**	・果皮、葉や若い枝に、かいよう状の円形～不整形の病斑。重症だと、落果、落葉。果皮の病斑により商品性が低下。カンキツ品種により感受性が大きく異なる。 ・病原は細菌。強い風雨時に病原菌が飛散し、感染。 ・農薬散布、防風対策。
	黒点病	・果皮に微小な黒い点状の病斑。商品性が低下。 ・病原は糸状菌。枯枝などに病原菌が潜み、降雨時に胞子を放出して感染。 ・幼果期～成熟期に保護殺菌剤を定期的に散布。枯枝除去。
	貯蔵病害（青かび病、緑かび病、黒斑病、軸腐病、灰色かび病など）	・収穫前後～貯蔵中～流通中に発生し、商品性に影響。 ・収穫前に殺菌剤散布。果実の扱いを丁寧に。 ・貯蔵中の果実は定期的に点検し、腐敗果を取り除く。
	カイガラムシ類（主にヤノネカイガラムシ、イセリアカイガラムシなど）	・ヤノネカイガラムシは黒いゴマ粒のような形状、イセリアカイガラムシは5mmほど、白いろう物質でおおわれる。 ・汁液を吸汁し樹勢低下、果実に寄生すると商品性低下。 ・幼虫発生期及び冬期に農薬散布。ヤノネカイガラムシは天敵寄生蜂により密度低下。
	チャノキイロアザミウマ	・果梗部、果頂部に同心円状のかさぶた状の被害痕を形成し、商品性を低下。 ・柑橘園外から飛来するが、園内で繁殖もする。 ・果実の生育期にわたり、農薬散布により防除。
	ハダニ類（ミカンハダニ）	・主に葉裏に寄生。発生が多くなると葉表にも寄生し、吸汁することで樹勢を阻害。果実の着色不良も引き起こす。 ・夏期のダニ剤、冬期のマシン油乳剤散布のほか、天敵による防除。
リンゴ	**黒星病**	・葉、果実、枝にすす状の黒点が発生。果実の病斑はコルク化し、亀裂が生じて奇形になる。 ・展葉期から果実の肥大期。 ・農薬散布。発病した果実は除去、落葉は燃やすか、土に埋める。
	斑点落葉病	・葉に円形の斑点ができ、葉は落葉。果皮がさび状やかさぶた状になる。風雨によって伝染。 ・展葉期から果実肥大期。 ・農薬散布。
	褐斑病	・葉が黄色に変わり、早期に落葉。 ・落花期から果実肥大期。 ・農薬散布。
	モモシンクイガ	・幼虫が果肉をトンネル状に食害する。 ・幼果期から果実の肥大期。 ・農薬散布、フェロモントラップ。

果樹	病害虫の説明	特徴・防除時期・防除方法
リンゴ	ハマキムシ	・若い葉が巻いたり、果実の表面を食害したりする。 ・開花前から果実の肥大期。 ・農薬散布、交信かく乱剤。
	リンゴアブラムシ	・若い葉や新しょうの先端に発生し、葉がまく。 ・休眠期、発生時。 ・農薬散布。
ブドウ	黒とう病	・新しょうや葉に黒い斑点がでて、果実は、円形で黒くくぼんだ病斑となる。雨で伝染。 ・休眠期、展葉期から幼果期。 ・農薬散布、枝や巻きひげの除去、雨よけ栽培。
	べと病	・葉の裏に白色のカビが発生。幼果は変色して肥大が止まる。雨で伝染。 ・開花直前から収穫後。 ・農薬散布、雨よけ栽培。落ち葉は、燃やすか、土に埋める。
	晩腐病	・果実に茶色の斑点がつき、果実全体が腐る病気。雨で伝染。 ・発芽前から幼果期、特に梅雨の時期。 ・農薬散布、落葉後の巻きひげと枝の除去。
	スリップス（アザミウマ）	・食害された葉は茶色に変色し、果粒の表面がさび状になる。 ・開花直前から着色の始め。 ・農薬散布、せん定した枝を燃やす。
	ブドウトラカミキリ	・幼虫が新しょうの茎内を食害。秋に成虫が新しょうに産卵。 ・収穫後から落葉期。 ・農薬散布、幼虫の捕殺。枝を除去し、焼却。
ナシ	黒星病	・葉、果実、芽、新梢などにすす状の黒い斑点を作る。 ・感染した葉、芽が翌年の感染源となり、4月から梅雨期に増える。 ・越冬伝染減の除去と春～秋の薬剤防除。
	赤星病	・主に葉に発生し、赤黄色の円形斑ができ、後に毛状の組織を作る。 ・夏以降は針葉樹のビャクシンに寄生し越冬する。 ・近くのビャクシンの伐採、春～初夏の薬剤防除。
	黒斑病	・品種により感染に差がある。葉、果実に黒い斑点を作る。 ・葉に黒い円形斑、果実にも楕円斑が発生し、裂果することもある。 ・春～秋の薬剤防除。
	シンクイムシ類	・数種類の蛾の幼虫で果実生育中複数回発生する。主にナシヒメシンクイ。 ・産卵は果梗部、果頂部、果実接触部など。ふ化幼虫は果実を食害し虫糞をだし、そこから果実が腐敗。 ・春～秋の薬剤防除と袋掛けが有効。
	カメムシ類	・果樹全般に被害がある。チャバネアオカメムシ、クサギカメムシが主体。 ・幼果期の被害では果実の奇形、成熟期では品質劣化や落果なども起こる。 ・越冬する虫の量、その後の発生量などに注意しながら農薬散布。袋掛けやネット掛けも有効。

果樹	病害虫の説明	特徴・防除時期・防除方法
ナシ	果実吸蛾類	・果樹全般に被害がある。アカエグリバ、アケビコノハなど。 ・果実成熟期の夜間に周辺の林から飛来し果実を吸汁、その後果実が腐敗。 ・黄色蛍光灯により寄せ付けない方法や、二重袋かけ、ネット掛け（4mm以下）が有効。
カキ	炭そ病	・枝や果実に黒い円形の病斑が発生し、果実は落果。 ・新しょうの伸長期から果実の着色期。 ・農薬散布、病斑が発生した新しょうや果実の除去。
	うどんこ病	・若葉に黒い斑点が出始め、夏に葉が菌糸で白くなる。 ・展葉期から果実の着色期。 ・農薬散布、落葉の除去。
	落葉病	・葉に円形または角ばった病斑が生じ、早期に落葉。雨で伝染。 ・新しょうの伸長期から幼果期。 ・農薬散布、落葉の除去。
	ヘタムシ（カキノヘタムシガ）	・幼虫がヘタの下の果肉を食害し、早期に落果させる。 ・開花終わりから果実の肥大期。 ・農薬散布、食害を受けた果実の除去。
	カイガラムシ（フジコナカイガラムシ）	・果実とヘタの隙間で増えて、すす病を引き起こす。 ・発芽前、展葉期から果実肥大期。 ・農薬散布、粗皮はぎ。

接ぎ木……………枝や芽など、木の一部を切り取って台木や別の木に接ぐ方法

台木………………接ぎ木をするときの、根があるほうの木

穂木（接ぎ穂）……接ぎ木をするときの、実や花をつけるほうの枝

挿し木……………枝など、木の一部を切り取り、土などに挿して発根させ、苗木や台木を育てる方法

せん定……………枝を切ること

整枝………………枝の誘引や樹形を整えること

（せん定により木の形を、果実生産にとって都合のよいようにすること）

摘心………………伸びた枝の先を切ること

摘果………………育てる果実を選んで残し、ほかの果実を摘み取ること

摘葉………………余分な葉をつみ取ること

摘らい・摘花………開花前・開花期につぼみや花の数を少なくすること

整房（房つくり）…花穂の切り込みを行い、花ぶるいの防止や花房の形を整えること

誘引………………枝を針金や支柱などに結びつけ、伸びる方向を定めること

仕立て……………果樹の種類や品種に適した木の形

主幹………………地表から最上部の主枝の分岐部までの部分の幹

主枝………………主幹から発生する、幹の次に太い骨組みとなる枝

亜主枝……………主枝から発生する、主枝の次に太い枝

側枝………………主枝や亜主枝から発生する枝

発育枝……………葉芽だけをつけた枝

徒長枝……………発育枝のうち、真上方向に伸びる成長がさかんな枝

結果枝……………花や果実をつける枝

結果母枝…………花や果実をつける結果枝を出す枝

花芽………………果実のもとになる花をもつ芽

結果習性…………花や果実のつき方の規則性

隔年結果…………結実の多い年と少ない年が1年おきに起こること

受粉………………花粉がめしべの柱頭につくこと、つけること

自家受粉…………同じ品種の花粉による受粉

他家受粉…………他の品種の花粉による受粉

人工受粉…………受粉を必要とする花のめしべに人為的に花粉をつけること

自家不和合性……同じ品種の花粉では受精しないこと

自家和合性………同じ品種の花粉で受精すること

他家不和合性……ある特定の品種間の受粉では、結実しないこと

単為結果性………種子ができなくても果実として発育する性質（受精しなくても結実すること）

生理落果…………果樹の内的な要因（養分供給不足など）による落果

いや地……………同一園で果樹を連作すると、生育や生産力が少なくなること

高接ぎ更新………今栽培している品種の枝に別な品種の穂木を接ぎ木(高接ぎ)して品種の更新をすること

脱渋（渋抜き）……人工的に可溶性タンニンを不溶性（水に溶けない）の状態に変えること

植物ホルモン………果樹の生理作用を直接促進したり、抑制したりする化学物質

ジベレリン処理……種あり品種を種なしにしたり種なし品種の果粒肥大を促進するためにジベレリンを使うこと

予措（よそ）……………貯蔵性（ちょぞうせい）や輸送性（ゆそうせい）を高（たか）めるために行（おこな）う前処理（まえしょり）
（果実重量（かじつじゅうりょう）で３〜５％減少（げんしょう）するように果実（かじつ）を乾燥（かんそう）させる）

わい化栽培（かさいばい）………わい性台木（せいだいぎ）を使（つか）い、密植（みっしょく）による早期多収（そうきたしゅう）と低樹高（ていじゅこう）による
省力化（しょうりょくか）をめざす栽培方法（さいばいほうほう）

土壌診断（どじょうしんだん）…………土（つち）の性質（せいしつ）（養分（ようぶん）や酸性度（さんせいど）など）を調（しら）べること

土壌改良（どじょうかいりょう）…………酸度（さんど）を中和（ちゅうわ）するなど、作物（さくもつ）が生育（せいいく）しやすい性質（せいしつ）の土（つち）にすること

土壌消毒（どじょうしょうどく）…………作物（さくもつ）の病気（びょうき）を防（ふせ）ぐため、薬剤（やくざい）や太陽熱（たいようねつ）で土（つち）を消毒（しょうどく）（殺菌（さっきん））すること

元肥（もとごえ）（基肥（きひ））………作物（さくもつ）を植（う）える前（まえ）や芽（め）が動（うご）き始（はじ）める前（まえ）に土（つち）に肥料（ひりょう）を与（あた）えること

追肥（ついひ）……………作物（さくもつ）の生育中（せいいくちゅう）や収穫（しゅうかく）の前（まえ）に肥料（ひりょう）を与（あた）えること

秋肥（あきごえ）（礼肥（れいごえ））………果実（かじつ）の収穫後（しゅうかくご）に貯蔵養分（ちょぞうようぶん）を増（ふ）やすために肥料（ひりょう）を与（あた）えること

マルチング…………土（つち）の表面（ひょうめん）をフイルム、わらなどでおおうこと

間引（まび）き……………育（そだ）てる苗木（なえぎ）や枝（えだ）を選（えら）んで残（のこ）し、ほかの苗木（なえぎ）や枝（えだ）を抜（ぬ）いたり切（き）り落（お）としたりすること

除草（じょそう）（草取（くさと）り）……田畑（たはた）・果樹園（かじゅえん）の雑草（ざっそう）を取（と）り除（のぞ）くこと

病害虫防除（びょうがいちゅうぼうじょ）…………薬剤（やくざい）などを使（つか）って、病気（びょうき）や害虫（がいちゅう）を防（ふせ）ぐこと

雑草防除（ざっそうぼうじょ）…………薬剤（やくざい）、マルチング、その他（た）の方法（ほうほう）で、雑草（ざっそう）を防（ふせ）ぐこと

葉面散布（ようめんさんぷ）…………肥料成分（ひりょうせいぶん）などを水（みず）にとかし、木全体（きぜんたい）に吹（ふ）きかける方法（ほうほう）

かん水（すい）（水（みず）やり）…作物（さくもつ）に水（みず）を与（あた）えること

暗（あん）きょ排水（はいすい）…………土（つち）の中（なか）に土管（どかん）などを埋（う）めて排水（はいすい）する方法（ほうほう）

収穫（しゅうかく）……………十分（じゅうぶん）に生育（せいいく）した果実（かじつ）を木（き）から採（と）ること

光合成（こうごうせい）……………作物（さくもつ）が光（ひかり）によって水（みず）と二酸化炭素（にさんかたんそ）から糖（とう）やデンプンなどを作（つく）り出（だ）すこと

写真一覧（土壌・肥料・果実）

土壌

埴土

壌土

砂土

肥料

〈化学肥料〉

・単肥

硫安（単肥）

尿素（単肥）

・複合肥料

化成肥料（複合肥料）

〈有機質肥料〉

有機質肥料（菜種かす）

〈堆肥〉

バーク堆肥

鶏ふん堆肥

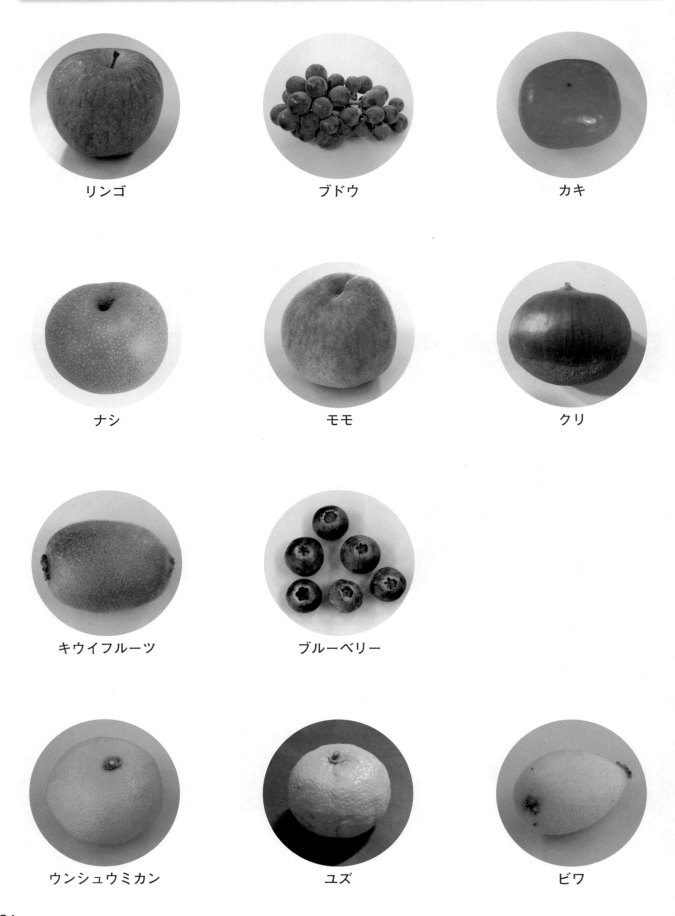

リンゴ

ブドウ

カキ

ナシ

モモ

クリ

キウイフルーツ

ブルーベリー

ウンシュウミカン

ユズ

ビワ